基础化学实验系列教材

分析化学实验

FENXI HUAXUE SHIYAN

解庆范　主　编
陈延民　彭友元　副主编

化学工业出版社
·北京·

内容简介

本书分为基础知识和基本操作、定量分析实验以及国家标准 水质分析三大部分，内容包括实验室安全规则、学生实验守则，化学试剂、实验室用水，分析化学实验技能及操作规范，实验数据处理，基本实验项目，综合、设计实验，水质分析实验等。

本书可作为高等学校化工、化学、应用化学、材料、制药、生物、环境、轻工、冶金、地质等专业的分析化学实验教材，也可供农、林、医等院校相关专业师生选用和参考，同时可以作为以上专业大学生的科研实践和水质分析等的工具书。

图书在版编目（CIP）数据

分析化学实验/解庆范主编. —北京：化学工业出版社，2021.4（2023.1重印）

ISBN 978-7-122-38477-5

Ⅰ.①分… Ⅱ.①解… Ⅲ.①分析化学-化学实验-教材 Ⅳ.①O652.1

中国版本图书馆 CIP 数据核字（2021）第 022637 号

责任编辑：张　艳　　　　　　　　　　　　　文字编辑：林　丹　张瑞霞
责任校对：刘　颖　　　　　　　　　　　　　装帧设计：王晓宇

出版发行：化学工业出版社（北京市东城区青年湖南街13号　邮政编码100011）
印　　装：涿州市般润文化传播有限公司
787mm×1092mm　1/16　印张10　字数238千字　2023年1月北京第1版第4次印刷

购书咨询：010-64518888　　　　　　　　　售后服务：010-64518899
网　　址：http://www.cip.com.cn
凡购买本书，如有缺损质量问题，本社销售中心负责调换。

定　　价：29.80元　　　　　　　　　　　　　　　　　　　　　　　版权所有　违者必究

前言

分析化学是高等院校化工、化学、材料、应用化学、制药、生命科学、环境科学等专业的主要基础课之一，它是一门实践性很强的学科。分析化学实验是分析化学课程的重要组成部分，与理论课紧密结合。通过分析化学实验教学，可以使学生加深对分析化学基本理论的理解，并熟练掌握分析化学的实验方法和基本操作技能，使学生建立起严格的"量"的概念。培养学生严谨的工作作风和实事求是的科学态度，为学习后续课程和将来从事相关工作打下良好基础。

本教材是在多年教学实践的基础上编写的，具有以下特点：

（1）可作为化学、化工类各专业及生命科学、环境科学等专业分析化学实验课程的教材和教学参考书，而且本教材在编写过程中与福建省泉州市自来水公司合作，将水质分析国家标准编进教材，作为拓展内容，不仅丰富了分析化学实验的内容，而且可以作为学生的科研实践和水质分析等的工具书。

（2）对分析化学实验的基础知识、基本操作进行了详细介绍，注重基础训练和能力培养。

（3）从理论到实验，从经典基础实验到综合设计实验，由易到难，由浅入深，循序渐进，使学生能够系统地掌握理论知识和实验技能，体会理论和实践相结合的真谛。

（4）编入的实验项目尽量与生产和生活相联系，强化实用性以充分调动学生学习的积极性和主动性，培养学生的实验兴趣，开发学生的潜能。

本教材按照定量化学分析的内容划分篇和章节，包含分析化学实验基础知识、定量分析仪器和基本操作及有关常数附录。全书共三篇。第一篇绪论和第二、三章及第二篇第五章由解庆范编写，第一篇第一章和第二篇第一、二、三、六章由彭友元、郑志福编写，第二篇第四章和第三篇由陈延民、庄云鹏编写。最后由解庆范统一整理定稿。

感谢泉州师范学院教务处对本书的编写给予立项支持！

限于编者水平，书中疏漏和不妥之处在所难免，敬请读者批评指正。

编者

2020 年 12 月

目录

第一篇　分析化学实验基础知识及基本操作

绪论 ··· 1
　一、分析化学实验教学的目的和要求 ·· 1
　　1. 分析化学实验教学的目的 ·· 1
　　2. 分析化学实验教学的要求 ·· 1
　二、学生实验守则 ··· 2
　三、实验室安全规则 ·· 3

第一章　分析化学实验的基础知识 ·· 5
　一、玻璃器皿的洗涤 ·· 5
　二、实验室用水的规格、技术指标及制备 ································· 6
　　1. 实验室用水的规格及技术指标 ··· 6
　　2. 纯水的制备 ·· 6
　　3. 超纯水的制备 ··· 7
　三、常用化学试剂 ··· 7
　四、实验数据的记录、处理和实验报告 ···································· 8
　　1. 实验数据的记录 ·· 8
　　2. 有效数字 ··· 8
　　3. 物理量的单位 ··· 9
　　4. 分析结果的计算 ·· 9

第二章　定量分析仪器与操作方法 ··· 13
　一、电子分析天平 ·· 13
　　1. 电子分析天平的使用 ·· 13
　　2. 称量方法 ·· 14
　　3. 天平使用注意事项 ··· 15
　二、滴定分析仪器与操作方法 ··· 15
　　1. 滴定管 ··· 15
　　2. 容量瓶 ··· 18
　　3. 移液管和吸量管 ·· 19
　三、重量分析法仪器与操作 ·· 21
　　1. 沉淀的生成 ·· 21

	2. 沉淀的过滤和洗涤	21
	3. 沉淀烘干及滤纸的炭化和灰化	23
	4. 沉淀的灼烧	23
四、	分析仪器简介	25
	1. 酸度计	25
	2. 分光光度计	29

第三章　定量分析基本操作实验 ········ 32

实验一　容量仪器的校准 ········ 32
实验二　滴定分析操作练习 ········ 34
实验三　标准溶液的配制及标定 ········ 36

第二篇　定量分析实验

第一章　酸碱滴定实验 ········ 40

实验一　食用醋总酸度的测定（常量、微量滴定） ········ 40
实验二　乙酰水杨酸含量的测定 ········ 41
实验三　缓冲溶液的配制及 pH 值的测定 ········ 44
实验四　氮肥中氮含量的测定（甲醛法） ········ 46
实验五　混合碱的测定（双指示剂法） ········ 47

第二章　氧化还原滴定实验 ········ 51

实验一　过氧化氢含量的测定 ········ 51
实验二　化学需氧量的测定 ········ 53
实验三　铁矿石中全铁含量的测定 ········ 56
　　　　重铬酸钾-甲基橙法 ········ 56
　　　　重铬酸钾-氯化亚锡-三氯化钛法 ········ 58
实验四　铜盐中铜含量的测定 ········ 61
实验五　维生素 C 制剂及果蔬中维生素 C 含量的测定 ········ 64
实验六　补钙制剂中钙含量的测定 ········ 66

第三章　络合滴定实验 ········ 69

实验一　EDTA 溶液的配制及标定 ········ 69
实验二　自来水硬度的测定 ········ 72
实验三　铋铅混合溶液铋、铅含量的测定 ········ 74
实验四　胃舒平药片中铝和镁含量的测定 ········ 76

第四章　沉淀滴定与重量分析实验 …… 79

实验一　可溶性氯化物中氯含量的测定 …… 79
　　莫尔法 …… 79
　　佛尔哈德法 …… 82
实验二　可溶性钡盐中钡含量的测定（沉淀重量法） …… 84

第五章　分光光度法实验 …… 88

实验一　邻二氮菲分光光度法测定铁的条件试验 …… 88
实验二　邻二氮菲分光光度法测定微量铁 …… 91
实验三　食品中甜蜜素含量的测定 …… 93
实验四　食品中亚硝酸盐的测定 …… 94

第六章　设计实验及综合实验 …… 98

实验一　酸碱滴定设计实验 …… 98
实验二　氧化还原滴定设计实验 …… 100
实验三　络合滴定法设计实验 …… 101
实验四　沉淀滴定法设计实验 …… 102
实验五　分光光度法设计实验 …… 103
实验六　大豆中钙、镁、铁含量的测定（综合实验） …… 103
实验七　奶粉中蛋白质含量的测定（综合实验） …… 106
实验八　硅酸盐水泥中 SiO_2、Fe_2O_3、Al_2O_3、CaO 和 MgO 含量的测定（综合实验） …… 108
实验九　室内空气中甲醛含量的测定（综合实验） …… 113
实验十　硫代硫酸钠的制备及产物含量测定（综合设计实验） …… 115

第三篇　国家标准　水质分析

实验一　水质　亚硝酸盐氮的测定——分光光度法 …… 117
实验二　水质　总氮的测定——碱性过硫酸钾消解紫外分光光度法 …… 121
实验三　水质　总磷的测定——钼酸铵分光光度法 …… 124
实验四　水质　浊度的测定 …… 127
　　分光光度法 …… 127
　　目视比浊法 …… 128
实验五　高氯废水　化学需氧量的测定——碘化钾碱性高锰酸钾法 …… 130
实验六　水质　挥发酚的测定——溴化容量法 …… 134
实验七　水质　溶解氧的测定——碘量法 …… 136

附录 ··· 142

    1. 常用指示剂 ·· 142

    2. 常用缓冲溶液的配制 ·· 145

    3. 常用浓酸、浓碱的密度和浓度 ··· 147

    4. 常用基准物质及其干燥条件与应用 ··· 147

    5. 常用元素原子量表 ··· 148

参考文献 ··· 149

第一篇 分析化学实验基础知识及基本操作

绪 论

一、分析化学实验教学的目的和要求

1. 分析化学实验教学的目的

分析化学实验是化学、化工、材料、制药、生物、环境等专业的基础实验课程之一,它与分析化学理论教学结合紧密。学生通过本课程的学习,可以加深对分析化学基础理论的理解。同时通过学习分析化学实验的基本知识,可使学生熟练掌握分析化学实验的基本操作,培养学生的动手能力,提高他们观察问题、分析问题和解决问题的能力,使学生养成实事求是的科学态度和认真细致的工作作风,以具备一定的实验室独立工作能力,为后续课程的学习和将来的工作打下良好的基础。

2. 分析化学实验教学的要求

学生进入实验室之前,要认真阅读学生实验守则和实验室安全规则。同时,要对分析化学的其他基础知识进行了解。实验前,要认真预习,掌握实验的基本原理、实验所用试剂和仪器的使用方法、各个操作步骤的关键点、测定结果的计算、实验中误差的来源和实验的注意事项等。

预习内容包括:

① 阅读理论与实验教材中的相关内容,必要时参阅有关资料。

② 明确实验的目的和要求,理解实验的基本原理。

③ 明确实验的内容、步骤以及操作过程和实验时应当注意的事项。

④ 认真考虑实验相关思考题，并能从理论上加以解决。

⑤ 查阅有关教材、参考书和手册，获得该实验所需的有关化学反应方程式和常数等。

⑥ 通过自己对实验的理解，简要地写好实验预习报告。预习报告（应包括实验报告中除了数据处理和思考题外的全部内容）的格式可以参考实验报告格式示例，并在实践中不断加以改进。

实验中，学生应该做到以下几点：

(1) 认真操作　对每一步操作的目的、作用，以及可能出现的问题进行认真探究，并把观察到的实验现象，如实、详细地记录下来。要有专门的实验预习报告本，标上页码，不得撕去任何一页。决不允许将数据记在单页纸上，或记在小纸片上，或随意记在任何地方。实验数据应记在预习报告本"实验数据记录表格"中或专用的实验数据记录本，不得随意转移、涂改。

实验过程中的各种测量数据及有关现象，应及时准确、清楚地记录下来。记录实验数据时，要有严谨的科学态度，要实事求是，切忌夹杂主观因素，决不能随意拼凑和伪造数据。

实验过程中涉及的各种特殊仪器的型号和标准溶液浓度等，也应及时准确记录下来。

记录实验数据时应注意其有效数字的位数。用分析天平称量时，要求记录至 0.0001g 的读数；滴定管及移液管的读数，应记录至 0.01mL 的读数；用分光光度计测量溶液的吸光度时，如吸光度在 0.6 以下，应记录至 0.001 的读数，大于 0.6 时，则要求记录至 0.01 的读数。

实验中的每一个数据，都是测量结果。所以重复测量时，即使数据完全相同，也应记录下来。

(2) 勤于思考　不应只按实验步骤进行操作，应善于观察，如果发现观察到的实验现象和理论不符，先要尊重实验事实，认真思考，加以分析，检查原因，学会运用所学理论解释实验现象，研究实验中的一些问题，必要时可做对照实验、空白试验或自行设计的实验来核对，直到从中得出正确的结论。实验中遇到疑难问题和异常现象，在自己难以解释时，可请实验指导教师解答。

(3) 端正态度　严格遵守实验室工作规则，保持室内安静，集中精力做好实验，保持实验台面清洁，将仪器整齐有序摆放。培养自己严谨的科学态度和实事求是的科学作风，决不能弄虚作假，随意修改数据。若定量实验失败或产生的误差较大，应努力寻找原因并经实验指导教师同意，重做实验。

(4) 树立环保意识　在能保证实验准确度要求的情况下，尽量降低化学物质（特别是有毒、有害试剂及洗液、洗衣粉等）的消耗。实验产生的废液、废物进行无害化处理后方可排放，或放在指定的废物收集器中统一处理。

实验后，要及时而认真地处理实验数据，写出实验报告。

二、学生实验守则

为了加强实验室的建设和管理，确保实验教学质量和实验安全，使学生能够养成良好的实验习惯，达到全面提高学生整体素质的目的，进入实验室进行实验的学生应遵守如下守则：

(1) 遵守实验课堂纪律　上课不迟到，进实验室必须穿实验服，听从教师指挥，服从教师安排。

(2) 讲文明懂礼貌　不高声喧哗，保持实验室安静，不吸烟，不随地吐痰，不乱扔纸屑，保持实验台面的整洁，有序排放仪器。

(3) 遵守实验室的各项规章制度　严格按分组要求，使用和保管好仪器设备和实验用品等。爱护仪器，遵守操作规程，节约原材料，任何仪器设备和药品等不经指导教师许可不得动用。教师准许使用的仪器，必须严格按操作规程操作。如有损坏或丢失，立即向教师报告，等待处理。

(4) 树立良好学风　实验前认真预习；上课时认真听讲，积极思考；实验中要保持头脑清楚，细致观察，仔细操作，严谨求实、勇于创新；按时完成实验，真实完整记录原始数据，使结果合理可靠。按时提交实验报告。要求报告内容简明、数据完整、字迹清楚、讨论具体深入。

(5) 保持实验室秩序　按指定的位置做实验，不乱动别组仪器。做完实验，要整理仪器并将实验药品等放回原处。

(6) 学生轮流值日　每次实验结束后，值日生要最后检查实验室物品摆放的是否整齐，彻底打扫实验室的卫生，仔细检查水电是否关闭。经教师批准后，方可离开实验室。

三、实验室安全规则

(1) 日常良好行为规范　实验室内严禁饮食、吸烟，一切化学药品禁止入口。实验完毕必须洗手。水、电使用完毕后应立即关闭。离开实验室时应仔细检查水、电、门和窗是否均已关好。

(2) 用电安全使用规范　使用电器设备时应特别细心，切不可用湿润的手去开启电闸和电器开关，凡是漏电的仪器不要使用，以免触电。

(3) 浓酸、浓碱安全使用规范　浓酸、浓碱具有强烈的腐蚀性，切勿溅在皮肤和衣服上。使用浓 HNO_3 溶液、浓 HCl 溶液、浓 H_2SO_4 溶液、浓 $HClO_4$ 溶液、浓氨水时，均应在通风橱中操作。决不允许在实验室中加热浓酸、浓碱。夏天，在打开浓氨水瓶盖之前，应先将氨水瓶放在自来水流水下冷却后，再行开启。如不小心将酸或碱溅到皮肤或眼内，应立即用水冲洗，然后用 $50 g \cdot L^{-1}$ 碳酸氢钠溶液（酸腐蚀时采用）冲洗，或用 $50 g \cdot L^{-1}$ 硼酸溶液（碱腐蚀时采用）冲洗，最后再用水冲洗。

(4) 有机溶剂安全使用规范　使用 CCl_4、乙醚、苯、丙酮、三氯甲烷等有机溶剂时，一定要远离火源和热源。使用完后将试剂瓶盖盖好，放在阴凉处保存。低沸点的有机溶剂不能直接在火焰上或热源（电炉）上加热，而应在水浴中加热。有机溶液要统一集中回收处理，不能直接倒入下水道。

(5) $HClO_4$ 溶液安全使用规范　热、浓的 $HClO_4$ 溶液遇有机物常易发生爆炸。如果试样为有机物，应先用浓硝酸溶液加热，使之与有机物发生反应，有机物被破坏后，再加入浓 $HClO_4$ 溶液。蒸发 $HClO_4$ 溶液所产生的烟雾易在通风橱中凝聚，经常使用 $HClO_4$ 溶液的通风橱应定期用水冲洗，以免 $HClO_4$ 的凝聚物与尘埃、有机物作用，引起燃烧或爆炸，造成事故。

(6) 剧毒物品安全使用规范　汞盐、砷化物、氰化物等剧毒物品，使用时应特别小心。

氰化物不能接触酸，因作用时会产生剧毒的 HCN！氰化物废液应倒入碱性亚铁盐溶液中，使其转化为亚铁氰化铁盐，然后作废液处理，严禁直接倒入下水道或废液缸中。

（7）实验室日常维护　实验室应保持室内整齐、干净。不能将毛刷、抹布扔在水槽中；禁止将固体物、玻璃碎片等扔入水槽内，以免造成下水道堵塞。此类物质及废纸、废屑应放入废纸箱或实验室规定存放的地方。废酸、废碱应小心倒入废液缸，切勿倒入水槽内，以免腐蚀下水管。

（8）意外事故的处理

① 起火。起火时，要立即一边灭火，一边防止火势蔓延（如采取切断电源、移去易燃药品等措施）。灭火时要针对起因，选用合适的方法：一般的小火可用湿布、石棉布或砂土覆盖燃烧物；火势大时可使用泡沫灭火器；电器失火时切勿用水泼救，以免触电，而应首先切断电源，然后用 CCl_4 灭火器灭火。若衣服着火，切勿惊慌乱跑，应赶快脱下衣服，或用石棉布覆盖着火处，或立即就地卧倒打滚，或迅速以大量水扑灭；汽油、乙醚等有机溶剂着火时，用砂土扑灭，此时绝对不能用水，否则反而扩大燃烧面积。根据火情决定是否要向消防部门报告。

② 割伤。伤处不能用手抚摸，也不能用水洗涤。应先取出伤口中的玻璃碎片或固体物，用 3% H_2O_2 溶液清洗后涂上紫药水或碘酒，再用创可贴包扎。大伤口则应先紧按主血管以防大量出血，急送医务室救治。

③ 烫伤。不要用水冲洗烫伤处。烫伤不重时，可涂抹甘油、万花油，或者用蘸有酒精的棉花包扎伤处；烫伤较重时，立即用蘸有饱和苦味酸溶液或饱和 $KMnO_4$ 溶液的棉花或纱布贴上，再到医务室处理。

④ 酸或碱灼伤。酸灼伤时，应立即用水冲洗，再用 $50g \cdot L^{-1}$ $NaHCO_3$ 溶液或肥皂水处理；碱灼伤时，水洗后用 1% HAc 溶液或 $50g \cdot L^{-1}$ H_3BO_3 溶液清洗。

⑤ 酸或碱溅入眼内。酸液溅入眼内时，立即用大量自来水冲洗眼睛，再用 3% $NaHCO_3$ 溶液洗眼；碱液溅入眼内时先用自来水冲洗眼睛，再用 10% H_3BO_3 溶液洗眼。最后均用蒸馏水将残余的酸或碱洗净。

⑥ 皮肤被溴或苯酚灼伤。应立即用大量有机溶剂（如酒精）洗去溴或苯酚，最后在受伤处涂抹甘油。

⑦ 触电。首先切断电源，然后在必要时进行人工呼吸与急救。

⑧ 吸入刺激性或有毒气体。吸入氯气、卤化氢气体时，可吸入少量酒精和乙醚的混合蒸气解毒。吸入硫化氢或一氧化碳而感到不适时，应立即到室外呼吸新鲜空气。但应注意氯气、溴中毒不可进行人工呼吸，一氧化碳中毒不可施用兴奋剂。

第一章
分析化学实验的基础知识

一、玻璃器皿的洗涤

化学实验中使用的器皿应洗净,其内壁被水均匀润湿而无水纹、不挂水珠。

(1) 去污粉、洗涤剂 实验室中常用的烧杯、锥形瓶、量筒等玻璃器皿,可用毛刷蘸些去污粉或合成洗涤剂刷洗。

去污粉由 Na_2CO_3、白土、细沙等混合而成。将要刷洗的玻璃器皿先用少量水润湿,撒入少量去污粉,然后用毛刷刷洗。利用 Na_2CO_3 的碱性去除油污,并利用细沙的摩擦作用和白土的吸附作用增强对玻璃器皿的清洗效果。玻璃器皿经擦洗后,用自来水冲掉去污粉颗粒,然后用蒸馏水洗 3 次,以去掉自来水中带来的 Ca、Mg、Fe、Cl 等离子。

洗干净的器皿倒置时,器皿中存留的水要完全流尽而不留水珠和油花。出现水珠或油花的应当重新洗涤。洗净的器皿不能用纸或抹布擦干,以免将脏物或纤维留在器壁上面,污染器皿。器皿倒置时应放在干净的器皿架上(不能倒置于实验台上),锥形瓶、容量瓶等器皿可倒挂在漏斗板或铁架台上,小口径的试管等可倒插在干净的支架上。

(2) 铬酸洗液 滴定管、移液管、容量瓶等具有精确刻度的器皿,常用铬酸洗液浸泡 15min 左右,再用自来水冲净残留在器皿上的洗液,最后用蒸馏水润洗两三次。

铬酸洗液的配制:在台秤上称取 10g 工业纯 $K_2Cr_2O_7$(或 $Na_2Cr_2O_7$)置于 500mL 烧杯中,先用少许水溶解,在不断搅动下,慢慢注入 200mL 浓 H_2SO_4(工业纯),待 $K_2Cr_2O_7$ 全部溶解并冷却后,将其保存于磨口的试剂瓶中。所配铬酸洗液为暗红色液体,因浓 H_2SO_4 易吸水,用后应用磨口玻璃塞塞好。

使用铬酸洗液时的注意事项:①用洗液洗涤前,凡能用毛刷洗刷的器皿必须先用自来水和毛刷洗刷,倾尽水,以免洗液被稀释后降低洗涤效果;②洗液用过后要倒回原磨口试剂瓶中,以备下次再用;当洗液变为绿色而失效时,可倒入废液桶中,决不能倒入下水道,以免腐蚀金属管道;③用洗液洗涤过的器皿,应先用自来水冲净,再以蒸馏水润洗内壁两三次;④洗液为强氧化剂,腐蚀性强,使用时特别注意不要溅在皮肤和衣服上。

洗液不是万能的。认为任何污垢都能用洗液洗去的说法是不对的,如被 MnO_2 污染的器皿,用铬酸洗液是无效的,此时要用 $H_2C_2O_4$、HCl 或酸性 Na_2SO_3 等还原剂洗去污垢。

(3) 碱性 $KMnO_4$ 洗液 碱性 $KMnO_4$ 洗液适用于洗涤油污及有机物。其配制方法为:称取 $4gKMnO_4$ 放入 250mL 烧杯中,加入少量水使之溶解,再慢慢加入 100mL 10% 的 NaOH 溶液,混匀即可使用。洗后在器皿中留下的 $MnO_2 \cdot nH_2O$ 沉淀物可用 $HCl-NaNO_2$

混合液、酸性 Na_2SO_3 或热 $H_2C_2O_4$ 溶液等洗去。

(4) $H_2C_2O_4$ 或盐酸羟胺洗液　$H_2C_2O_4$ 或盐酸羟胺洗液适用于洗涤氧化性物质，比如器皿上沾有 $KMnO_4$、MnO_2、铁锈斑等。其配制方法为：称取 10g 草酸或 1g 盐酸羟胺溶于 100mL 20% 的 HCl 溶液中。一般用草酸，因为草酸便宜。

(5) HNO_3-乙醇洗液　HNO_3-乙醇洗液适用于洗涤被油脂或有机物沾污的酸式滴定管。使用时先在滴定管中加入 3mL 乙醇，沿壁加入 4mL 浓 HNO_3，用小滴管帽盖住滴定管管口，让溶液在管中保留一段时间，利用反应所产生的氧化氮洗涤滴定管，即可除去油污。

(6) 有机溶剂洗液　有机溶剂洗液适用于洗涤被油脂或有些有机物沾污的器皿。可直接取丙酮、乙醚、苯等使用，也可配成 NaOH 的饱和乙醇溶液使用。

二、实验室用水的规格、技术指标及制备

1. 实验室用水的规格及技术指标

实验室用水是控制实验质量的一个重要因素，关系到空白值、分析方法的检出限。因此实验人员对用水的级别、规格应当了解。定量分析实验对水的质量要求较高，不能直接使用自来水或其他天然水，但也不是都必须使用最高级别的水，而是应当根据所做实验对水质的要求选择适当规格的实验用水。我国已颁布了国家标准《分析实验室用水规格和试验方法》（GB/T 6682—2008），表 1-1 为实验室用水的级别及主要指标。从表中可以看出，纯水并不是不含杂质，只是所含杂质量极微小而已。

表 1-1　分析实验室用水的级别及主要指标

指标名称	一级	二级	三级
pH 值范围(25℃)	—	—	5.0～7.5
电导率(25℃)/mS·m^{-1}	≤0.01	≤0.10	≤0.50
电阻率/MΩ·cm	10	1	0.2
可氧化物质(以 O 计)/mg·L^{-1}	—	<0.08	<0.4
蒸发残渣(105℃±2℃)/mg·L^{-1}	—	≤1.0	≤2.0
吸光度(254nm,1cm 光程)	≤0.001	≤0.01	—
可溶性硅(以 SiO_2 计)/mg·L^{-1}	<0.01	<0.02	—

2. 纯水的制备

制备纯水常用以下 4 种方法。

(1) 蒸馏法　自来水在蒸馏器中加热沸腾汽化，水蒸气冷凝即得蒸馏水。蒸馏器的材料有铜、玻璃、石英等，其中石英蒸馏器制备的蒸馏水含杂质最少。

蒸馏法能除去水中非挥发性杂质，但不能除去易溶于水的气体，如挥发性酸以及微溶性、低沸点有机物等。双重蒸馏水器的第二级用 $KMnO_4/H_2SO_4$ 二次蒸馏，可进一步除去杂质。蒸馏法加热需耗费大量电、冷却需消耗大量水，制备过程存在一定危险性，实验室基本不采用蒸馏法。

(2) 离子交换法　离子交换法是应用离子交换树脂分离水中离子杂质的方法，故制得的水称为去离子水。目前多采用阴、阳离子交换树脂的混合床来制备去离子水。该法制备水量大、成本低、去离子能力强，但不能除去水中非离子型杂质，而且设备及操作复杂。

(3) 电渗析法　电渗析法是在外电场作用下，利用阴、阳离子交换膜对溶液中离子选择性透过，使杂质离子从水中分离出来的方法。该法不能除掉非离子型杂质，而且去离子能力不如离子交换法。但其再生处理比离子交换柱简单，电渗析器的使用周期比离子交换柱长。好的电渗析器制备的纯水质量可达三级水的水平。

(4) 反渗透法　水渗透时，水分子通过具有选择性的半透膜从低浓度流向高浓度，反渗透则是利用高压泵使水分子透过半透膜由高浓度流向低浓度。反渗透膜能除去无机盐、有机物（分子量>500）、细菌、热源、病毒、悬浮物（粒径>0.1μm）等。此方法脱盐率高，产水量大，不消耗化学试剂，水质稳定，产出水的电阻率较原水的电阻率升高近10倍，纯化效率较高。现在主流实验室纯水器都采用RO反渗透膜，水质超过二级水，接近一级水，适合大多数实验室使用。

反渗透膜为消耗性部件，为避免堵塞，水源自来水需经1μm微孔过滤柱预过滤。

3. 超纯水的制备

主流超纯水器纯化技术如下：反渗透法制备一次水、离子交换法制备二次水，再经超滤（用来除去纯化水中所有直径大于0.01μm的微粒、热源和微生物），采用254nm的紫外线照射灭菌等。

超纯水器用的反渗透膜、离子交换柱为一次性不可再生耗材，仪器显示电阻率低于18MΩ·cm时必须更换。超纯水制作成本较高，除有特殊需要（如高效液相色谱、原子吸收、生物培养等）一般不需采用超纯水。超纯水保存在高硼玻璃瓶或高密度聚乙烯或聚丙烯塑料瓶中，最好马上使用，放置时间不超过1周。

三、常用化学试剂

化学试剂种类繁多，按其纯度、种类和用途可分为一般试剂、基准试剂、高纯试剂、专用试剂、指示剂和试纸、生化试剂、临床试剂等。下面简单介绍其中几种。

(1) 一般试剂　一般试剂是实验室最普遍使用的试剂，按其杂质含量的多少主要分为三个等级。一般试剂的级别、规格、标志以及适用范围见表1-2。

表1-2　一般试剂的种类及适用范围

级别	一级	二级	三级	生化试剂
名称	优级纯	分析纯	化学纯	生物试剂
缩写	GR	AR	CP	BR
标签颜色	深绿	红色	蓝色	咖啡色
适用范围	精密分析	一般分析	化学制备	生物实验

(2) 基准试剂（JZ，绿标签）　基准试剂是指主含量高、杂质少、稳定性好、化学组成恒定的物质。基准试剂是用来衡量其他物质化学量的标准物质，可标定标准溶液。

(3) 高纯试剂　纯度远高于优级纯的试剂称为高纯试剂，是在通用试剂基础之上发展起来的，是为专门的使用目的而用特殊方法生产的纯度最高的试剂。高纯试剂要求严格控制杂质含量，规定检测的杂质项目比同种优级纯或基准试剂多1~2倍。一般以9来表示试剂纯度，如杂质总含量不高于$1.0×10^{-4}$，其纯度为4个9 (99.99%)，简写为4N。高纯试剂不能用于标准溶液的配制（单质氧化物除外），主要用于微量或痕量分析中试样的分解及试液的制备。

(4) 专用试剂　即具有专门用途的试剂。例如各类仪器分析中所用试剂，如色谱分析标准试剂、气相色谱载体及固定液、液相色谱填料、薄层分析试剂、紫外及红外光谱纯试剂、核磁共振波谱分析用试剂等均是专用试剂。与高纯试剂相似，专用试剂主体含量较高，杂质含量很低。如光谱纯试剂的杂质含量用光谱分析方法已测定不出或者杂质的含量低于某一限度，它主要用作光谱分析中的标准物质，但不能作为化学分析的基准试剂。

四、实验数据的记录、处理和实验报告

1. 实验数据的记录

学生应有专门的实验记录本，标上页码，不得撕去任何一页。不得将数据记录在单页纸上或小纸片上，或随意记录在任何其他地方。

实验记录不但要准确、简明，而且有关方法、现象和数据必须记录完整，包括实验名称、实验人员、实验日期、方法要点（含特殊仪器型号、试剂级别、浓度及实验操作步骤等）、实验数据和实验现象，重复测量的数据即使完全相同也应记录下来。也就是说实验记录中的每一数据都是测量的结果，都必须记录下来。原则上要求不仅自己看得懂，还要别人看得懂；不仅现在看得懂，还要以后看得懂。通常，对文字记录，应分条记录；对数据记录，应用表格记录或绘图记录。实验过程中要及时地将所发生的现象、结果、主要操作、测量数据清楚、准确地记录下来。切忌掺杂个人主观因素，决不能拼凑和伪造数据。

在实验过程中如发现数据记录或计算有误时，不得涂改，应将其用单划线或双划线划去，在旁边重新写上正确的数字。修改后，错误的数值依旧能被准确读取。

2. 有效数字

(1) 可疑或不准确数据　记录测量数据时，应注意有效数字的保留。用分析天平称量时，应记录至 0.0001g。滴定管、吸量管、移液管的读数应记录至 0.01mL。数值最后一位是估读或不准确的数据。如 0.2134g，表示这台仪器能准确测到 0.213g，0.4mg 这个数值是不准确数值。用天平称量时发现，显示数值可能在 0.2132~0.2136g，甚至在更大的范围内来回波动，数值波动的中心在 0.2134。平衡一段时间后，仪器以 0.2134 为最后测量值，但 0.4mg 这个值是存在误差的。滴定管读数记录 25.67mL，读数时发现，滴定管最小刻度 0.1mL，25.6mL 这个值是准确的，0.07mL 是用肉眼估读、存在误差的。即数值最后一位是估读或不准确的数值。

(2) 有效数字的位数及计算　有效数字的位数是从第一个非"0"的数字开始计算。0.01 为一个有效数字；0.010 为两个有效数字；1.01 为 3 个有效数字；1.010 为 4 个有效数字。

有效数字计算法则，乘除计算，积（或商）与有效数字位数最少的一致；加减法与小数点后位数最少的一致。如 $1.01 \times 12.020 = 12.1$；$1.01 + 12.020 = 13.03$。

有效数字的修约规则：四舍六入五成双。如 $3.01 \times 5.13 = 15.4$ (15.44)；$3.01 \times 5.17 = 15.6$ (15.56)；$3.01 \times 5.20 = 15.6$ (15.65)；$3.01 \times 5.30 = 16.0$ (15.95)。该规则可避免重复进位，如 $4.445 \approx 4.45 \approx 4.5 \approx 5$，这种计算是错误的。

(3) 科学计数法　当一个数字前部或后部有 3 个及以上全为 0 的数字时，可考虑使用科学计数法。如 $0.00001230 \text{mg} \cdot \text{L}^{-1}$，可记录为 $1.230 \times 10^{-5} \text{mg} \cdot \text{L}^{-1}$。使用科学计数法时

应注意：①科学计数法小数点前只有一个非 0 的数字；②使用科学计数法不能改变有效数字的位数；③$5.01×10^{-3}$L 不是使用了科学计数法，而是表明该数值测量时的单位是 mL。

3. 物理量的单位

在分析化学计算过程中，公式里各物理量是有默认单位的。见表 1-3。

表 1-3　分析化学中常用的量及其单位的名称和符号

量的名称	量的符号	单位符号
物质的量	n	mol
摩尔质量	M	g·mol^{-1}
物质的量浓度	c	mol·L^{-1}
质量浓度	ρ_B	g·L^{-1}
质量	m	g
体积	V	L

在默认情况下，质量的单位是 g，体积的单位是 L；而不是国际单位 kg、m^3。严格来说，滴定管读数应记录为 $23.45×10^{-3}$L，容量瓶体积应记录为 $250.00×10^{-3}$L，移液管体积应记录为 $25.00×10^{-3}$L。

在代入公式计算时，只代入数值，没有单位。计算时，移液管体积应为"$25.00×10^{-3}$"，这个数值表示：①移液管体积的单位是 mL；②移液管体积的准确度是 0.1mL。如果代入"25.00"，则表示体积是 25.00mL。

4. 分析结果的计算

在定量分析中，一般平行测定 3～5 次，通常 3 次。为了衡量分析结果的精密度，通常用相对平均偏差表示。三次结果的算术平均值为：

$$\overline{x}=\frac{x_1+x_2+x_3}{3}$$

单次实验偏差为：

$$d=x_i-\overline{x}$$

平均偏差为：

$$\overline{d}=\frac{|x_1-\overline{x}|+|x_2-\overline{x}|+|x_3-\overline{x}|}{3}$$

相对平均偏差为：

$$d_r=\frac{\overline{d}}{\overline{x}}×100\%$$

在定量分析中，一般要求 $d_r≤0.2\%$，否则需重新做 1～2 组实验，取最接近的三组数据的平均值。

若不能重新实验，$d_r>0.2\%$，且 $x_1<x_2\ll x_3$，即 x_3 相对远大于或远小于其他两个数据时，x_3 为可疑值，要对 x_3 进行 Q 检验。

Q 检验方法：

① 将测量的数据按大小顺序排列：x_1，x_2，x_3；
② 计算测定值的极差 R：$R=x_3-x_1$；
③ 计算可疑值与相邻值之差（应取绝对值）$d=x_3-x_2$；

④ 计算 Q 值：

$$Q_{\text{计}} = \frac{d}{R} = \frac{x_3 - x_2}{x_3 - x_1} \times 100\%$$

⑤ 比较：当时 $Q_{\text{计}} > Q_{0.90,3} = 0.94$ 时，则 x_3 为异常值，应舍去，只取 x_1、x_2 两个值求平均值。否则应保留 x_3。舍弃商 Q 值见表 1-4。

表 1-4　舍弃商 Q 值表

测定次数 n	3	4	5	6	7	8	9	10
$Q_{0.90}$	0.94	0.76	0.64	0.56	0.51	0.47	0.44	0.41
$Q_{0.95}$	0.97	0.84	0.73	0.64	0.59	0.54	0.51	0.49

附：原始数据模板

实验项目：盐酸标准溶液的配制和标定

班级：_____　姓名：_____　学号：_____　日期：_____

表 1　碳酸钠称量和盐酸的标定

编号	1	2	3
$m(Na_2CO_3,\text{倾出前})/g$	5.2367	5.1154	4.9869
$m(Na_2CO_3,\text{倾出后})/g$	5.1154	4.9869	4.8630
$V(HCl,\text{终})/mL$	22.02	23.17	22.28
$V(HCl,\text{初})/mL$	0.23	0.12	0.00

附：实验报告示例

实验项目：盐酸标准溶液的配制和标定

班级：_____　姓名：_____　学号：_____　日期：_____

一、实验目的

二、实验原理

三、实验试剂

1. 浓 HCl（分析纯）
2. 无水 Na_2CO_3（优级纯）
3. 甲基橙指示剂（$1g \cdot L^{-1}$）

四、实验步骤

1. $0.1 mol \cdot L^{-1}$ HCl 标准溶液的配制

用量筒量取 4.2～4.5mL 浓 HCl，注入预先盛有适量水的试剂瓶中，加水稀释至 500mL，摇匀。

2. HCl 标准溶液的标定

用差减法准确称取无水 Na_2CO_3 0.12~0.15g 于 250mL 的锥形瓶中，用 25mL 蒸馏水溶解，加 2 滴甲基橙指示剂，用 HCl 标准溶液滴至溶液刚好由黄色变为橙色即为终点，记下所消耗的 HCl 标准溶液的体积，计算其浓度。

五、实验数据记录与处理

表 1 盐酸标准溶液的标定

编号	1	2	3
$m(Na_2CO_3,倾出前)/g$	5.2367	5.1154	4.9869
$m(Na_2CO_3,倾出后)/g$	5.1154	4.9869	4.8630
$m(Na_2CO_3)/g$	0.1213	0.1285	0.1239
$V(HCl,终)/mL$	22.02	23.17	22.28
$V(HCl,初)/mL$	0.23	0.12	0.00
$V(HCl)/mL$	21.79	23.05	22.28
$c(HCl)/mol \cdot L^{-1}$	0.1050	0.1052	0.1049
$\bar{c}(HCl)/mol \cdot L^{-1}$		0.1050	
$|d_r|$	0.0000	0.0002	0.0001
相对平均偏差/%		0.10	

数据处理：

反应方程为：$2HCl + Na_2CO_3 = 2NaCl + H_2O + CO_2$
$$\quad\quad\quad\quad\quad 2 \quad\quad\quad 1$$

$$c(HCl)V(HCl) \quad \frac{m(Na_2CO_3)}{M(Na_2CO_3)}$$

计算过程：

$$c(HCl) = \frac{2m(Na_2CO_3)}{V(HCl)M(Na_2CO_3)}$$

$$c_1(HCl) = \frac{2m_1(Na_2CO_3)}{V_1(HCl)M(Na_2CO_3)} = \frac{2 \times 0.1213}{21.79 \times 10^{-3} \times 105.99} = 0.1050(mol \cdot L^{-1})$$

$$c_1(HCl) = \frac{2m_1(Na_2CO_3)}{V_1(HCl)M(Na_2CO_3)} = \frac{2 \times 0.1285}{23.05 \times 10^{-3} \times 105.99} = 0.1052(mol \cdot L^{-1})$$

$$c_2(HCl) = \frac{2m_2(Na_2CO_3)}{V_2(HCl)M(Na_2CO_3)} = \frac{2 \times 0.1239}{22.28 \times 10^{-3} \times 105.99} = 0.1049(mol \cdot L^{-1})$$

$$\bar{c}(HCl) = \frac{c_1 + c_2 + c_3}{3} = \frac{0.1050 + 0.1052 + 0.1049}{3} = 0.1050(mol \cdot L^{-1})$$

相对平均偏差 $= \frac{|\bar{d}_r|}{\bar{c}(HCl)} = \frac{0.0000 + 0.0002 + 0.0001}{3 \times 0.1050} \times 100\% = 0.10\%$

Q 检验：$Q = \frac{0.1052 - 0.1050}{0.1052 - 0.1049} = 0.6667 < Q_{0.94}$

0.1052 应保留（注：$d_r < 0.2\%$，无需 Q 检验，此处为示例）

六、讨论

七、思考题

1. 溶解基准物时加入 20~30mL 水，用量筒还是移液管量取水？为什么？

答：

2. 如果基准物质未烘干，实验结果将偏高还是偏低？

答：

第二章
定量分析仪器与操作方法

一、电子分析天平

电子分析天平以其操作简单、称量准确可靠等优点，迅速在教学、科研、工业生产、贸易等方面得到广泛应用。目前应用最广泛的是上皿式电子分析天平，如图 2-1 所示。根据称量精度要求不同，在常量分析实验中常使用最大载荷为 100～200g，分度值为 0.1mg 的电子分析天平。

电子分析天平采用电磁力平衡的原理。称盘与通电线圈相连接，置于磁场中，当被称物置于称盘后，因重力向下，线圈上就会产生一个电磁力，电磁力与重力大小相等、方向相反，传感器输出电信号。由此产生的

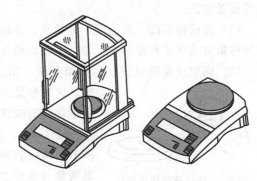

图 2-1　上皿式电子天平

电信号通过模拟系统后，将被称物品的质量显示出来。电子分析天平通过设定的程序，实现自动调零、自动校准、自动去皮、自动显示称量结果等，还可以与计算机、打印机等联用。

1. 电子分析天平的使用

（以赛多利斯 BSA224S 型电子天平为例，见图 2-2）

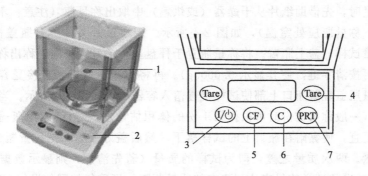

图 2-2　赛多利斯 BSA224S 型电子天平及控制面板

1—水平仪；2—控制面板；3—开关键；4—去皮键；5—删除键；6—校正键；7—输出键

(1) 水平调节　天平安装好后，先观察水平仪，如水平仪的小气泡偏移，需调整水平调节脚，使小气泡位于水平仪圆圈内。

(2) 开启天平　接通电源，轻按⑩键，显示屏亮，同时天平进行自检，2s后显示天平的型号，然后进入称量模式，如0.0000g。预热2min后即可称量，若需对天平进行校正则需预热1h后再操作。

(3) 直接称量　将样品置于容器中，将容器置于秤盘上，天平显示容器＋样品质量。

(4) 去皮称量　按Tare键清零，将容器置于秤盘上，天平显示容器质量，再按Tare键，显示"0.0000g"，再把待称样品加入容器中，天平显示值即为样品的质量。

(5) 关闭天平　天平用完后，按⑩键关闭。若有较长时间不再使用天平，应拔下电源插头。

其他型号的电子天平的使用方法，与赛多利斯BSA224S型电子天平大同小异，具体可详见电子天平使用说明书。

2. 称量方法

根据不同的称量对象和实验要求，需采用相应的称量方法和操作步骤。以下介绍几种常用的称量方法。

(1) 直接称量法　此法用于称量某物体的质量，如称量小烧杯的质量、坩埚的质量等。这种称量方法适于称量洁净干燥、不易潮解或升华的固体试样。

(2) 固定质量称量法　也称增量法，用于称量固定质量的某试剂（如基准物质）或试样。这种称量的速度较慢，只适于称量不易吸潮、在空气中能稳定存在的试样，且试样应为粉末状或小颗粒状（最小颗粒应小于0.1mg），以便调节其质量。固定质量称量方法如图2-3所示，将一洁净的表面皿（或小烧杯）置于天平的托盘上称出其质量（也可去皮归零），然后慢慢加试样至所加量与所需量相同。称量时，若加入的试剂量超过了指定质量，则应重新称量。

图2-3　固定质量称量操作

从试剂瓶中取出的试剂一般不应放回原试剂瓶中，以免沾污原试剂。操作时不能将试剂散落于表面皿（或小烧杯）以外的地方，称好的试剂必须定量地直接转入接受容器中。

(3) 递减称量法　此法用于称量质量在一定范围内的试样或试剂。易吸水、易氧化或易与CO_2反应的试样，可用此法称量。需平行多次称取试剂时，也常用此方法。由于称取试样的质量是由两次称量之差求得，故也称差减法。

用此法称量时，先借助纸片从干燥器（或烘箱）中取出称量瓶（注意：不要让手指接触称量瓶和瓶盖，称量瓶应处室温），如图2-4所示。用小纸片夹住称量瓶盖柄，打开瓶盖，用药匙加入适量试样，盖上瓶盖。将称量瓶置于秤盘上，关好天平门，称出称量瓶及试样的准确质量（也可按清零键，使其显示0.0000g）。再将称量瓶取出，在接受容器的上方，倾斜瓶身，用称量瓶盖轻敲瓶口上部使试样慢慢落入容器中，如图2-5所示。当敲落的试样接近所需质量时（一般称第2份时可根据第1份的体积估计），一边继续用瓶盖轻敲瓶口，一边逐渐将瓶身竖直，使黏附在瓶口上的试样落下，然后盖好瓶盖，把称量瓶放回天平秤盘上，准确称出其质量。两次质量之差，即为试样的质量（若先清零，则显示数据值即为试样质量）。若一次差减出的试样的量未达到要求的质量范围，可重复相同的操作，直至符合要求。按此方法连续递减，可称取多份试样。

图 2-4 称量瓶拿法

图 2-5 从称量瓶中敲出样品的操作

3. 天平使用注意事项

① 开、关天平，放、取被称物，开、关天平门等，都要轻、缓，切不可用力按压、冲击天平秤盘，以免损坏天平。

② 清零和读取称量读数时，要留意天平门是否已关好。称量读数要立即记录在实验报告本中。

③ 对于热的或过冷的被称量物，应置于干燥器中直至其温度同天平室温度一致后才能进行称量。

④ 天平的前门（有些天平无单独的前门）、顶门仅供安装、检修和清洁时使用，通常不要打开。

⑤ 在天平防尘罩内放置变色硅胶干燥剂，当变色硅胶失效后应及时更换，注意保持天平、天平台和天平室的整洁和干燥。

⑥ 如果发现天平不正常，应及时向教师或实验室工作人员报告，不要自行处理。称完后，应及时使天平还原，并在天平使用登记本上登记。

二、滴定分析仪器与操作方法

滴定分析常用的玻璃仪器中，滴定管、移液管、吸量管和容量瓶是准确测量液体体积的量器。其中，滴定管、移液管、吸量管为量出式量器，用于测量从量器中放出液体的体积；容量瓶是量入式量器，用于测量容器中所容纳的液体体积。锥形瓶、量筒、称量瓶和烧杯等为非定容仪器。各仪器的用途不同，操作方法也各有不同。

1. 滴定管

滴定管是滴定时用于滴加溶液并确定溶液体积的量器。它的主要部分是，上部为带刻度的细长玻璃管，下端为滴液的尖嘴，管身和尖嘴中间是用于控制滴定速度的旋塞或乳胶管（配以玻璃珠）。滴定管分为酸式滴定管和碱式滴定管两种（图 2-6）。滴定管的容量有大有小，最小的为 1mL，最大的为 100mL，还有 50mL、25mL 和 10mL 的滴定管。常用的是 50mL 和 25mL 滴定管。

酸式滴定管可用来装酸性、中性及氧化性溶液，但不宜装碱性溶液，因为碱性溶液能腐蚀玻璃磨口和旋塞。碱式滴定管用来装碱性及无氧化性溶液。能与乳胶管起反应的溶液，如高锰酸钾、碘和硝酸银等溶液，不能加入碱式滴定管中。目前市面上还有一种带聚四氟乙烯旋塞的通用型滴定管。这种滴定管可克服上述酸、碱式滴定管存在的旋塞易堵塞、乳胶管易老化及只宜装某些溶液的缺点，使用起来较方

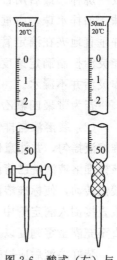
图 2-6 酸式（左）与碱式（右）滴定管

便。滴定管的容量精度分为 A，B 两级，A 级的精度较高。表 2-1 所示为国家规定的不同容量大小的滴定管的容量允差（摘自 GB/T 12805—2011）。

表 2-1 常用滴定管的容量允差（20℃）

标示总容量/mL		2	5	10	25	50	100
最小分度值/mL		0.01	0.02	0.05	0.1	0.1	0.2
容量允差/mL（±）	A	0.010	0.010	0.025	0.04	0.05	0.10
	B	0.020	0.020	0.050	0.08	0.10	0.20

(1) 滴定管使用前的准备　酸式滴定管使用前应检查旋塞转动是否灵活，若操作不灵活，应在旋塞与塞套内壁涂少许凡士林。涂凡士林时，不要涂得太多，以免堵住旋塞孔；也不要涂得太少，达不到转动灵活和防止漏水之目的。涂凡士林后，将旋塞直接插入旋塞套中。插入时旋塞孔应与滴定管平行，此时旋塞不要转动，这样可以避免将凡士林挤到旋塞孔中去。然后，向同一方向不断旋转旋塞，直至旋塞周围呈均匀透明状为止。旋转时，注意应有一定的向旋塞小的一端挤的力，避免来回移动旋塞，使塞孔被堵。最后将橡胶圈套在旋塞小端的沟槽上（或用橡皮筋将旋塞固定）。若旋塞孔或出口尖嘴被凡士林堵塞，可将滴定管充满蒸馏水后（若室温较低，应加温蒸馏水），将旋塞打开，用洗耳球在滴定管上部挤压，将凡士林排出。

碱式滴定管应检查橡胶管是否老化，玻璃珠大小是否合适。橡胶管老化则更换新的橡胶管，玻璃珠过大（不便操作）或过小（会漏溶液）也应更换，以达到控制灵活、不漏溶液的目的。

滴定管一般用自来水冲洗，零刻度线以上部位可用毛刷刷洗，零刻度线以下部位如不干净，则应采用洗液洗（碱式滴定管应除去橡胶管，用橡胶乳头将滴定管下口堵住）。污垢少时可加入约 10mL 洗液，双手平托滴定管的两端，不断转动滴定管，使洗液润洗滴定管内壁，操作时管口对准洗液瓶口，以防洗液外流。洗完后将洗液分别由两端放出。如果滴定管太脏，可将洗液装满整根滴定管浸泡一段时间。为防止洗液流出，在滴定管下方可放一烧杯。最后用自来水、蒸馏水洗净。洗净后的滴定管内壁应被水均匀润湿而不挂水珠。如挂水珠，应重新水洗干净。滴定管洗涤后，可在其中装入蒸馏水至零刻度以上，并垂直地夹在滴定管架子上，静置几分钟，观察是否漏水。然后试着滴定一下，看是否能灵活控制滴定速度，若滴定管漏水或操作不灵活，应重新进行涂凡士林操作，直至操作灵活并不漏水。

若为带聚四氟乙烯旋塞的通用型滴定管，则通过调节螺丝即可。

(2) 装溶液与排气泡　为了避免滴定管中残留的蒸馏水将标准溶液稀释，先将待装的标准溶液摇匀，并注意使凝结在容器（一般为试剂瓶或容量瓶）内壁上的水珠混入溶液。再用该标准溶液润洗已清洗的滴定管内壁 2～3 次，每次用 10～15mL 溶液，两手平端滴定管，缓慢转动，使标准溶液流遍滴定管，并将溶液从滴定管下端流出。润洗后，将瓶中的标准溶液直接倒入滴定管中（注意不要借用其他容器，如烧杯、漏斗等来转移，以免带来误差），直至充满至零刻度以上为止。

装好溶液后应检查尖嘴部分和橡胶管（碱式滴定管）内是否有气泡，若碱式滴定管中有气泡，可用右手拿滴定管，左手拇指和食指捏住玻璃珠部位，使橡胶管向上弯曲翘起，并捏挤橡胶管，使溶液从管口喷出，排除气泡（图 2-7）。排除酸式滴定管及通用型管中的气泡，可用右手拿滴定管，左手迅速打开旋塞，使溶液冲出管口，流入水槽，同时右手可上下抖动滴定管。排除酸式滴定管滴嘴部分的气泡，也可采用碱式滴定管排气的方法，但在排气前需在尖嘴上先接上一根长约 10cm 的橡胶管。排完气后，补加溶液至零刻度以上，再在水槽内调节液面至零刻度或稍下处，读取刻度值。

图 2-7　碱式滴定管排气泡操作

（3）滴定管的读数　滴定管的读数是否准确，通常是滴定分析误差的主要来源之一。因此读数时要遵循下列规则：

① 滴定管装满溶液或放出溶液后，要等 1~2min，使附着在内壁的溶液流下来后，再进行读数；如果放出溶液的速度较慢（如接近化学计量点时就是如此），且每次滴定管读数前，应看看滴嘴上是否挂着液珠。滴定后，若滴嘴上挂有液珠，则无法准确确定滴定体积。

② 将滴定管从滴定管架上取下，用右手大拇指和食指捏住滴定管上部（即滴定管及溶液的重心以上），其他手指从旁辅助，使滴定管自然垂直，然后再读数。将滴定管夹在滴定管架上读数的方法，一般不宜采用，因为这样很难保证滴定管垂直和准确读数。

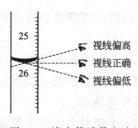

图 2-8　滴定管读数方法

③ 由于水的附着力和表面张力的作用，滴定管内的液面呈弯月形。无色和浅色溶液（如 $0.002mol \cdot L^{-1}$ $KMnO_4$ 溶液）的弯月面比较清晰。读数时，视线应与弯月面下缘的最低点相切，即视线应与弯月面下缘的最低点在同一水平面上，如图 2-8 所示。对于深色溶液（如 $0.02mol \cdot L^{-1}$ $KMnO_4$、I_2 溶液等），其弯月面不够清晰，读数时，视线应与液面两侧的最高点相切，这样才较易读准。

④ 读数必须读至 0.01mL 位。读其十分之一的值，需经严格训练方能做到。一般可以这样来估计：当液面在此两小刻度线中间时，最后一位即为 0.05mL，若液面在两小刻度的三分之一处，即为 0.03mL 或 0.07mL；当液面在两小刻度的五分之一时，即为 0.02mL 或 0.08mL 等等，一般 0.01、0.04、0.06 和 0.09mL 不易读出。

⑤ 对于有蓝带的滴定管，读数方法与上述相似。当蓝带滴定管内盛有溶液时，将出现似两个弯月面的上下两个尖端相交，此上下两尖端相交点的位置，即为蓝带管的读数的正确位置。

⑥ 为便于读数，可采用读数卡，它有利于初学者练习读数。读数卡用贴有黑纸或涂有黑色长方形（约 3cm×1.5cm）的白纸板制成。读数时，将读数卡放在滴定管背后，使黑色部分在弯月面下约 0.5cm 处，此时即可看到弯月面的反射层全部成为黑色，如图 2-9 所示。然后，读此黑色弯月面下缘的最低点。对有色溶液须读其两侧最高点时，须用白色卡片作为背景。

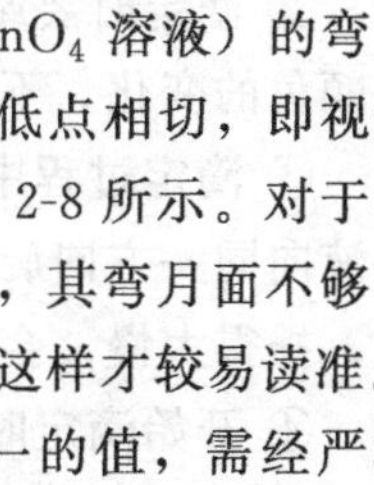

图 2-9　滴定管读数

（4）滴定操作　使用酸式滴定管时，左手握滴定管，其无名指和小指向手心弯曲，轻轻地贴着出口部分，用其余三指控制旋塞的转动，如图 2-10 所示。注意不要向外用力，以免推出旋塞造成漏水，而应使旋塞稍有向手心的回力。通用型滴定管的操作与此类似。

若用碱式滴定管滴定，仍以左手握管，其拇指在前，食指在后，其他三个手指辅助夹住出口管。用拇指和食指捏住玻璃珠所在部位，向右边挤橡胶管，使玻璃珠移至手心一侧，这样，溶液即可从玻璃珠旁边的空隙流出。注意不要用力捏玻璃珠，不要使玻璃珠上下移动。也不要捏玻璃珠下部橡胶管，以免空气进入而产生气泡。滴定时要边滴边摇瓶，使滴定剂与被滴物质迅速反应。若在锥形瓶中进行滴定，用右手的拇指、食指和中指抓住锥形瓶颈部，其余两指辅助在下侧，使瓶底离滴定操作台高约2~3cm，滴定管的滴嘴伸入瓶内约1cm。左手控制滴定管滴加溶液，右手按顺（或反）时针方向摇动锥形瓶，如图2-11所示。

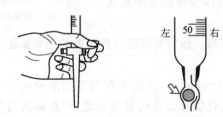
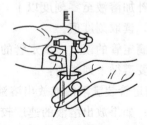

图2-10 酸式（左）和碱式（右）滴定管操作　　　图2-11 滴定的操作

此外，在滴定时还应注意如下几点：

① 最好每次滴定都从0.00mL开始，或接近0的某一刻度开始，这样可以减少滴定误差。

② 滴定时要站立好或坐端正（有时为操作方便也可坐着滴定），眼睛注视溶液滴落点周围颜色的变化。不要去看滴定管内液面刻度变化，而不顾滴定反应的进行。

③ 滴定过程中，左手不能离开旋塞，而任溶液自流。右手摇瓶时，应微动腕关节，使溶液向同一方向旋转，不能前后振动，以免溶液溅出。摇瓶速度以使溶液旋转出现一旋涡为宜。摇得太慢，会影响化学反应的进行；摇得太快，易致溶液溅出或碰坏滴嘴。

④ 开始滴定时，滴定速度可稍快，呈"见滴成线"状，即每秒3~4滴左右。但不要滴得太快，以致滴成"水线"状。在接近终点时，应一滴一滴加入，即加一滴摇几下，再加，再摇。最后是每加半滴摇几下锥形瓶，直至溶液出现明显的颜色变化为止。

⑤ 掌握半滴溶液的加入方法。若为用酸式滴定管滴定，可轻轻转动旋塞，使溶液悬挂在滴嘴上，形成半滴，用锥形瓶内壁将其沾落，再用洗瓶吹洗。对于碱式滴定管，加半滴溶液时，应先松开拇指与食指，将悬挂的半滴溶液沾在锥形瓶内壁上，再放开无名指和小指，这样可避免管尖出现气泡。

加入半滴溶液时，也可使锥形瓶倾斜后再沾落液滴，这样液滴可落在锥形瓶的较下处，便于用锥形瓶内的溶液将其混合至瓶中。如此可避免吹洗次数太多，造成被滴定物过度稀释。

2. 容量瓶

容量瓶是一种细颈梨形的平底玻璃瓶，带有磨口玻璃塞或塑料塞，是用来测量容纳液体体积的量入式量器。在其颈上有标度刻线，一般表示在20℃时，当液体充满至弯月面下缘与标度刻线相切时液体的准确体积。常用的容量瓶有10mL、25mL、50mL、100mL、250mL、500mL和1000mL等规格。

容量瓶主要用途是配制准确浓度的标准溶液或定量地稀释溶液，它常和移液管配合使用，可把配成溶液的物质分成若干等份。

（1）容量瓶的准备　使用容量瓶前先检查容量瓶瓶塞是否漏水，其次是看标度刻线位置离瓶口是否太近。漏水则无法准确配制溶液，标线离瓶口太近则不便混匀溶液。因此，都不宜使用。检查瓶塞是否漏水的方法是，加自来水至标度刻线附近，盖好瓶塞后，左手用食指按住塞子，其余手指拿住瓶颈标线以上部分，右手用指尖托住瓶底边缘，如图 2-12 所示。将瓶倒立 2min，如不漏水，将瓶直立，转动瓶塞 180°后，再倒立 2min 检查，如不漏水，便可使用。

使用容量瓶时，不要将其磨口玻璃塞随便取下放在台面上，以免沾污，可将瓶塞系在瓶颈上。若瓶塞为平头的塑料塞子，可将塞子倒置在台面上。

（2）容量瓶的使用　用容量瓶配制溶液时，最常用的方法是先称出固体试样于小烧杯中，加蒸馏水或其他溶剂将其溶解，然后将溶液定量转入容量瓶中。定量转移溶液时，右手拿玻璃棒，左手拿烧杯，使烧杯嘴紧靠玻璃棒，而玻璃棒则悬空伸入容量瓶中，棒的下端应靠在瓶颈内壁上，使溶液沿玻璃棒和内壁流入容量瓶中（图 2-13）。待烧杯中的溶液流完后，将玻璃棒和烧杯稍微向上提起，并使烧杯直立，再将玻璃棒放回烧杯中。然后，用洗瓶吹洗玻璃棒和烧杯内壁，再将溶液转入容量瓶中。如此吹洗、转移的操作，一般应重复 3 次以上，以保证定量转移。然后加蒸馏水至容量瓶的 3/4 左右容积时，用右手食指和中指夹住瓶塞的扁头，将容量瓶拿起，朝同一方向摇动几周，使溶液初步混匀。继续加蒸馏水至距离标度刻线约 1cm 处后，等 1~2min 使附在瓶颈内壁的溶液流下后，再用滴管滴加蒸馏水至弯月面下缘与标度刻线相切（注意，勿使滴管接触溶液。也可用洗瓶加蒸馏水至刻度）。无论溶液有无颜色，均加蒸馏水至弯月面下缘与标度刻线相切为止。加蒸馏水至标度刻线后，盖上干的瓶塞，用左手食指按住塞子，其余手指拿住瓶颈标线以上部分，而用右手的全部指尖托住瓶底边缘（图 2-14），将容量瓶倒转，使气泡上升到顶部，振荡容量瓶以混匀溶液。再将瓶直立过来，又再将瓶倒转，振荡溶液。如此反复 10 次左右。

图 2-12　容量瓶检漏

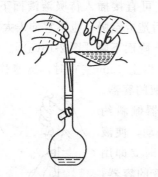

图 2-13　转移溶液的操作

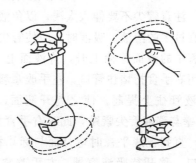

图 2-14　溶液混匀操作

如果用容量瓶稀释溶液，则用移液管移取一定体积的溶液于容量瓶中，加蒸馏水至标度刻线，然后按上述方法混匀溶液。

容量瓶不宜长期保存溶液，配好的溶液若需长期保存，应将其转移至试剂瓶中，不要将容量瓶当作试剂瓶使用。试剂瓶要先用配好的溶液润洗 2~3 次。容量瓶用完后应立即用水洗干净，若长期不用，在洗净擦干磨口后，用纸片将磨口隔开。

3. 移液管和吸量管

移液管是中间有一较大空腔的细长玻璃管，管颈上部刻有一标线 [图 2-15(a)]，在标明的温度下，若使溶液的弯月面与移液管标线相切，再让溶液按一定的方法自由流出，则流出液的体积与管上标明的体积相同。因此，移液管是用于准确量取一定体积溶液的量出式量器。常用的移液管有 5mL、10mL、25mL、50mL 等规格。

吸量管是带有分刻度的玻璃管，如图 2-15(b)、(c)、(d) 所示。它一般用于量取不同体积的溶液，常用的吸量管有 1mL、2mL、5mL、10mL 等规格，吸量管量取溶液的准确度不如移液管。需要注意的是，有些吸量管的分刻度不是刻到管尖，而是离管尖尚有 1～2cm，使用时要注意分清。

(1) 移液管和吸量管的洗涤　移液管和吸量管一般采用洗耳球吸取铬酸洗液洗涤，也可放在高形玻璃筒和量筒内用洗液浸泡，取出沥尽洗液后，用自来水冲洗，再用纯水润洗干净，润洗的水应从管尖放出。

(2) 移液管和吸量管的使用　移取溶液前，可用吸水纸将洗干净的移液管或吸量管的管尖端内外的水除去，然后用待吸溶液润洗 3 次。吸取溶液时，用左手拿洗耳球，将食指或拇指放在洗耳球的上方，其余手指自然地握住洗耳球，用右手的拇指和中指拿住移液管或吸量管标线以上的部分，无名指和小指辅助拿住移液管，将洗耳球对准移液管口，如图 2-16 所示，再将管尖伸入溶液中吸取，待溶液被吸至管体积约四分之一处（注意勿使溶液流回，以免稀释溶液）时，移开，润洗，然后让溶液从尖口放出并弃去，如此反复润洗 3 次。润洗是保证移取的溶液与待吸溶液浓度一致的重要步骤。

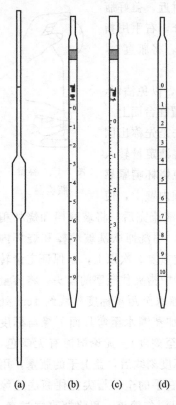

图 2-15　移液管 (a) 和吸量管 (b)、(c)、(d)

移液管经润洗后，可直接插入待吸液液面下约 1～2cm 处吸取溶液。注意管尖不要伸入太浅，以免液面下降后造成空吸；也不宜伸入太深，以免移液管外部附有过多的溶液。吸液时，应使管尖随液面下降而下降 [图 2-16(a)]。当洗耳球慢慢放松时，管中的液面徐徐上升，待液面上升至标线以上 1cm 左右时，迅速移去吸耳球。与此同时，用右手食指堵住管口，左手改拿盛有待吸液的容器。

然后，将移液管往上提起，使之离开液面，并使容器倾斜约 30°，让其内壁与移液管尖紧贴，此时右手食指微微松动，使液面缓慢下降，直到视线平视时弯月面与标线相切，这时立即用食指按紧管口。移开待吸液容器，左手改拿接受溶液的容器，并将接受容器倾斜 30°左右，使内壁紧贴移液管尖。接着放松右手食指，使溶液自然地顺壁流下，如图 2-16(b) 所示。待液面下降到管尖后，等 15s 左右，移出移液管。这时，管尖部位仍留有少量溶液，对此，除特别注明"吹"字的以外，此管尖部位留存的溶液是不能吹入接受容器中的，因为在工厂生产检定移液管时没有把这部分体积算进去。需要指出的是，由于一些移液管尖部做得不很圆滑，因此管尖部位留存溶液的体积可能会因接受容器内壁与管尖接触的位置不同而有所差别。为避免出现这种情况，可在等待的 15s 过程中，左右旋动移液管，这样管尖部位每次留存的溶液体积就会基本相同。

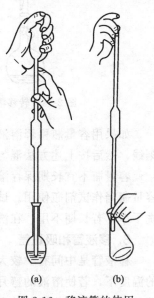

图 2-16　移液管的使用

用吸量管移取溶液的操作与用移液管移取基本相同。对于标有"吹"字的吸量管,在放出溶液时,应将存留管尖部位的溶液吹入接受容器内。有些吸量管的刻度离管尖尚有 1~2cm,放出溶液时也应注意。实验中,要尽量使用同一支吸量管,以免带来误差。

三、重量分析法仪器与操作

重量分析法是指通过称量经适当方法处理所得的与待测组分含量相关的物质的质量来求得物质含量的方法。它是利用沉淀反应使待测组分先转变成沉淀,再转化成一定的称量形式的称量分析法。重量分析法的基本操作包括沉淀的生成、沉淀的过滤和洗涤、沉淀烘干及滤纸的炭化和灰化、沉淀灼烧及称量等。

1. 沉淀的生成

准备好内壁和底部光洁的烧杯,配以合适的玻璃棒及表面皿,称取一定量的试样置于烧杯中,根据试样的性质选择适宜的溶剂将其完全溶解后,加入沉淀剂进行沉淀。同时应根据沉淀的不同类型,选择不同的沉淀条件。对于晶形沉淀,用滴管将沉淀剂沿着烧杯壁或玻璃棒缓缓地加入至烧杯中,滴管口应接近液面,以免溶液溅出,边滴加边搅拌,搅拌时尽量不要碰击烧杯内壁和底部,以免划损烧杯使沉淀黏附在划痕中。

在热溶液中进行沉淀时,应在水浴或低温电热板上进行,以免溶液沸腾而溅失。沉淀剂加完后应检查沉淀是否完全。检查的方法是:将溶液静置,待沉淀沉降后,于上层清液中加入一滴沉淀剂,观察液滴落处是否还有浑浊物出现。待沉淀完全后,盖上表面皿放置过夜或加热搅拌一定时间进行陈化(注意:在整个实验过程中,玻璃棒、表面皿与烧杯要一一对应,不能互换或共用一根玻璃棒)。

对于无定形沉淀,应当在热的较浓的溶液中进行沉淀,较快地加入沉淀剂,搅拌方法同上。待沉淀完全后,迅速用热的蒸馏水冲稀,不必陈化。待沉淀沉降后,应立即趁热过滤和洗涤。

2. 沉淀的过滤和洗涤

根据沉淀在灼烧中是否会被纸灰还原及称量的形式,选择用滤纸还是玻璃滤器过滤。重量分析法使用定量滤纸过滤,每张滤纸的灰分质量为 0.08mg 左右,可以忽略。在过滤时应根据沉淀的性质合理地选用。例如对于 $BaSO_4$ 等晶形沉淀,应选用孔隙小的慢速滤纸,而对 $Fe(OH)_3$ 等无定形沉淀则应选用孔隙大的快速滤纸。滤纸的大小应根据沉淀量的多少而定。过滤用的玻璃漏斗锥体角度应为 60°,颈的直径不能太大,一般应为 3~5mm,颈长为 15~20cm,颈口处磨成 45°角。如图 2-17(a) 所示。漏斗的大小应与滤纸的大小相适应。应使折叠后的滤纸上缘低于漏斗上沿 0.5~1cm,绝不能超出漏斗边缘。

滤纸一般按四折法折叠,即先将滤纸整齐地对折,如图 2-17(b) 所示;然后再对折,将三层厚的紧贴漏斗的外层撕下一角,保存于干燥的表面皿上备用,如图 2-17(c) 所示,这时不要把两角按压对齐。将其打开后成为顶角稍大于 60° 的圆锥体,如图 2-17(d) 所示。然后将滤纸放入洁净且干燥的漏斗中,如果滤纸与漏斗不十分密合,可以稍稍改变滤纸折叠的角度,直到与漏斗密合为止。再用手按压滤纸,将第二次的折边折严,这样所得圆锥体的半边为三层,另半边为一层。

将折叠好的滤纸放入漏斗中,三层的一边应放在漏斗出口短的一边。用食指按紧三层的一边,用洗瓶吹入少量蒸馏水将滤纸润湿,然后,轻按滤纸边缘,使滤纸与漏斗间密合(注意三层与一层之间处也应与漏斗密合），如图 2-17(f) 所示。再用洗瓶加蒸馏水至滤纸边缘，此时漏斗颈内应充满蒸馏水，当漏斗中的蒸馏水流完后，颈内仍保留着水柱，且无气泡。若漏斗颈内不形成完整的水柱，可以用手堵住漏斗下口稍掀起滤纸三层的一边，用洗瓶向滤纸与漏斗间的空隙里加蒸馏水，直到漏斗颈和锥体的大部分被蒸馏水充满，然后按紧滤纸边，放开堵住出口的手指，此时水柱应可形成。最后再用蒸馏水冲洗滤纸。然后将漏斗放在漏斗架上，下面放一洁净的烧杯接滤液，并使漏斗出口长的一边紧靠杯壁。过滤前漏斗和烧杯上均应盖好表面皿。

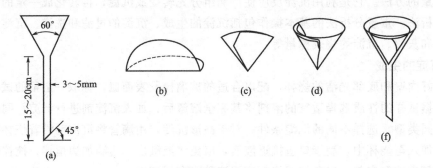

图 2-17　漏斗规格（a）和滤纸的折叠（b）、(c)、(d) 与安装（f）

过滤一般分三步进行。起初采用倾泻法过滤上清液，如图 2-18(a) 所示；其次是将沉淀转移到漏斗内，再就是清洗烧杯和洗涤漏斗内的沉淀。过滤时应随时检查滤液是否透明，如不透明，说明有穿滤。这时必须换另一洁净烧杯接滤液，在原漏斗上将过滤的滤液进行第二次过滤。如发现滤纸穿孔，则应更换滤纸重新过滤，而第一次用过的滤纸应保留。

采用倾泻法是为了避免沉淀堵塞滤纸上的空隙，影响过滤速度。等烧杯中的沉淀沉下以后，借助玻璃棒将清液倒入漏斗中。玻璃棒的下端应对着滤纸三层厚的一边，并尽可能接近滤纸，但不要触及滤纸。倒入溶液的体积一般不要超过滤纸圆锥体的三分之二，或液面离滤纸上边缘不少于 5mm，以免少量沉淀因毛细管作用越过滤纸上缘，造成损失。此外，沉淀离滤纸边缘太近也不便洗涤。若一次倾泻不能将清液转移完，应待烧杯中的沉淀沉下后再次倾泻。

将清液转移完后，应对沉淀进行初步洗涤。洗涤时，每次用约 10mL 洗涤液吹洗烧杯内壁，使黏附着的沉淀集中到烧杯底部，每次洗涤完后，用倾泻法过滤溶液，如此反复洗涤 3~4 次。然后再加少量洗涤液于烧杯中，搅动沉淀使之混合，之后即将沉淀和洗涤液一起通过玻璃棒转移至漏斗内。再加少量洗涤液于杯中，搅拌混匀后再转移至漏斗里，如此重复几次，使沉淀基本都被转移至漏斗中。再按如图 2-18(b) 所示的方法将残留的沉淀吹洗至漏斗中，即用左手拿起烧杯，使烧杯嘴向着漏斗，右手把玻璃棒从烧杯中取出平放在烧杯口上，并使玻璃棒伸出烧杯嘴约 2~3cm。然后用左手食指按住玻璃棒的较高部位，倾斜烧杯体玻璃棒下端指向滤纸三层一边，用右手拿洗瓶吹洗整个烧杯内壁，使洗涤液和沉淀沿玻璃棒流入漏斗中。如果仍有少量沉淀牢牢地黏附在烧杯壁上吹洗不下来时，可将烧杯放在桌上，用沉淀帚（它是一头带橡胶的玻璃棒）在烧杯内壁自上而下自左至右擦拭，使沉淀集中在底部，再将沉淀吹洗到漏斗里。对牢固黏附的沉淀，也可用前面折叠滤纸时撕下的滤纸角擦拭玻璃棒和烧杯内壁，并将此滤纸角放在漏斗的沉淀上。处理完毕，还应在明亮处仔细检查烧杯，看是否吹洗、擦拭干净，玻璃棒、表面皿和沉淀帚也需认真检查。

沉淀全部转移到滤纸上后，应对它进行洗涤。其目的是将沉淀表面所吸附杂质和残留的母液除去。洗涤方法如图 2-18(c) 所示。从滤纸的多重边缘开始用洗瓶轻轻吹洗，并螺旋形地往下移动，最后到多重部分停止，即所谓的"从缝到缝"。这样，便于将沉淀洗干净，还能使沉淀集中到漏斗的底部。洗涤沉淀时要遵循"少量多次"的原则，即每次洗涤用的洗涤剂的量要少，滤干后再行洗涤。一般情况下，如此反复洗涤 3~5 次。

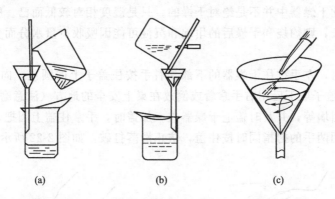

图 2-18　倾泻法过滤（a）、沉淀转移及吹洗沉淀（b）和沉淀的洗涤（c）操作

3. 沉淀烘干及滤纸的炭化和灰化

滤纸和沉淀通常用煤气灯或电炉烘干。过滤完后用扁头玻璃棒将滤纸边挑起，向中间折叠，将沉淀盖住，如图 2-19 所示。再用玻璃棒轻轻转动滤纸包，以便擦净漏斗内壁可能沾有的沉淀。然后，将滤纸包转移至已恒重的坩埚中，再将它倾斜放置在煤气灯架上或电炉上，让多层滤纸部分朝上，以利烘烤。坩埚的外壁和盖上事先用蓝黑墨水或 $K_4[Fe(CN)_6]$ 溶液编号。烘干时，坩埚盖不要盖严，如图 2-20 所示，以便水汽逸出。

　　　　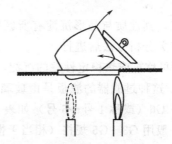

图 2-19　沉淀的包裹　　　图 2-20　沉淀的烘干（右）、炭化和
　　　　　　　　　　　　　　　　　灰化（左）的火焰位置

炭化是将烘干后的滤纸烤成炭黑状，灰化是将呈炭黑状的滤纸灼烧成灰。炭化和灰化时煤气灯的火焰应移至坩埚底部，如图 2-20 所示。若为用电炉加热，则只好让坩埚处同一状态受热（倾斜或正放）。对应烘干、炭化、灰化，逐步增大火焰，一步一步完成，不要性急。炭化时如遇滤纸着火，可立即用坩埚盖盖住，使坩埚内的火焰熄灭（切不可用嘴吹灭，以避免沉淀随气流飞散而损失掉）。待火熄灭后，将坩埚盖移至原来位置，继续加热至全部炭化直至灰化。

4. 沉淀的灼烧

沉淀灰化后，将坩埚移入高温炉中（根据沉淀性质调节适当温度）盖上坩埚盖，但仍须留有空隙。在与灼烧空坩埚时相同的温度下，灼烧 40~45min，取出，放入干燥器中冷却至室温，称量。然后进行第二次、第三次灼烧，直至相邻两次灼烧后的称量值差别不大于 0.4mg，即为恒重。一般第二次以后每次灼烧 20min 即可。空坩埚的恒重方法与此相同。坩埚与沉淀的恒重质量与空坩埚的恒重质量之差，即为被称物（如 $BaSO_4$）的质量。据此可计算出被测组分的含量。

干燥器一般采用变色硅胶、无水氯化钙等作干燥剂，由于各种干燥剂吸收水分的能力都有一定限度，因此干燥器中并不是绝对干燥的，只是湿度相对较低而已。所以，若在干燥器中放置的时间过长，则灼烧和干燥后的坩埚和沉淀可能因吸收少量水分而变重，这一点须引起注意。

打开干燥器时，左手按住干燥器的下部，右手按住盖子上的圆顶，向左前方推开器盖，如图 2-21 所示。盖子取下后用右手拿着或倒放在桌上安全的地方（注意磨口向上），用左手放入（或取出）坩埚等，并及时盖上干燥器盖。加盖时，手拿住盖上圆把，推着盖好。搬动干燥器时，应该用两手的拇指同时按住盖，防止滑落打破，如图 2-22 所示。

图 2-21　打开干燥器的方法　　　　　图 2-22　搬动干燥器的操作

非晶形沉淀，其性质与晶形沉淀有所区别，相应的重量分析过程也与晶形沉淀有所不同，可在查阅有关分析方法后进行。

对于烘干即可称重或热稳定性差的沉淀，沉淀过滤采用砂芯漏斗或砂芯坩埚，如图 2-23 和图 2-24 所示。这种过滤器的滤板是由玻璃粉末在高温熔结而成。按照微孔的孔径，大小分为 6 级，G1～G6（或称 1 号～6 号）如表 2-2 所示。1 号的孔径最大，6 号孔径最小。在定量分析中，一般用 G3～G5 规格（相当于慢速滤纸）过滤细晶形沉淀。使用此类滤器时，需采用减压过滤装置，如图 2-25 所示的抽滤装置。凡是烘干后即可称量或热稳定性差的沉淀，均应采用砂芯漏斗（或坩埚）过滤。但需要注意的是，不能用此类滤器过滤强碱性溶液，以免损坏坩埚或漏斗的微孔结构。

　　　　　　　　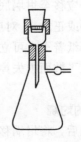

图 2-23　砂芯漏斗　　　　图 2-24　砂芯坩埚　　　　图 2-25　抽滤装置

表 2-2　砂芯漏斗（坩埚）的规格和用途

滤板编号	孔径/μm	用途	滤板编号	孔径/μm	用途
G1	20～30	滤除大沉淀物及胶状沉淀物	G4	3～4	滤除液体中细的沉淀物或极细沉淀物
G2	10～15	滤除大沉淀物及气体洗涤	G5	1.5～2.5	滤除较大杆菌及酵母
G3	4.5～9	滤除细沉淀及水银	G6	1.5以下	滤除1.4～1.6μm病菌

新的滤器使用前应以热浓盐酸或铬酸洗液边抽滤边清洗，再用蒸馏水洗净。使用后的砂芯玻璃滤器，针对不同沉淀物采用适当的洗涤剂洗涤。首先用洗涤剂、水反复抽洗或浸泡玻璃滤器，再用蒸馏水冲洗干净，在110℃条件下烘干，保存在无尘的柜或有盖的容器中备用。表 2-3 列出洗涤砂芯玻璃滤器的洗涤液，可供选用。

表 2-3　洗涤砂芯玻璃滤器的常用洗涤液

沉淀物	洗涤液
AgCl	(1+1)氨水或10% $Na_2S_2O_3$
$BaSO_4$	100℃浓硫酸或EDTA-NH_3溶液(3%EDTA二钠盐500mL与浓氨水100mL混合)，加热洗涤
$CuCl_2$	热$KClO_4$或HCl混合液
有机物	铬酸洗液

四、分析仪器简介

1. 酸度计

酸度计亦称 pH 计或离子计（实为精密电子伏特计），是一种用来准确测定溶液中某离子活度的仪器。它主要由指示电极、参比电极和精密电子伏特计所组成的测量系统，还可以作为电位滴定的滴定终点指示装置。当采用氢离子选择电极时可测定溶液的 pH 值，若采用其他的离子选择电极，则可以测量溶液中某相应离子的浓度（实为活度）。

（1）参比电极

① 氢离子选择电极。一般为玻璃电极（图 2-26），其下端是一玻璃球泡，球泡内装有一定 pH 值的内标准缓冲溶液，电极内还有一个 Ag/AgCl 内参比电极，使用前须浸泡在酸或酸碱缓冲溶液中活化 24h 以上。玻璃电极的电极电位随溶液 pH 值的变化而改变。测试时将玻璃电极与另外参比电极组成两电极系统，浸入待测溶液中，再测量两电极间的电位差。

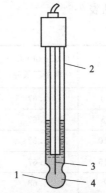

图 2-26　玻璃电极
1—玻璃薄膜；2—玻璃外壳；
3—Ag/AgCl 参比电极；
4—含 Cl^- 的缓冲溶液

② 复合 pH 电极。目前广泛使用的测 pH 值的复合电极是由玻璃电极与 Ag/AgCl 外参比电极组合而来，它结构紧凑，比两支分离的电极用起来更方便，也不容易破碎（图 2-27）。复合 pH 电极在第一次使用或在长期停用后再次使用前应在 3mol·L^{-1} KCl 溶液中浸泡 24h 以上，使其活化。平时可浸泡在 3mol·L^{-1} KCl 溶液中保存。

③ 饱和甘汞电极。pH 参比电极一般为饱和甘汞电极（图 2-28）或 Ag/AgCl 电极，它们的电极电位不随溶液 pH 值的变化而改变。因此，测得的两电极间的电位差（E）与溶液 pH 值有关。根据能斯特公式可知：

$$E = K' + (273+T)0.059\text{pH}/298$$

式中，K' 为常数，可通过用 pH 标准溶液对酸度计进行校正将其抵消掉，T 为被测溶液的温度（℃），可通过温度补偿使其与实际温度一致。

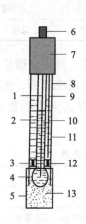

图 2-27 复合 pH 电极

1—Ag/AgCl 内参比电极；2—0.1mol·L^{-1} HCl 溶液；
3—密封胶；4—玻璃薄膜；5—保护套；6—导线；
7—密封塑料；8—加液孔；9—Ag/AgCl 外参
比电极；10—KCl 溶液；11—聚碳酸酯外壳；
12—微孔陶瓷；13—KCl 溶液

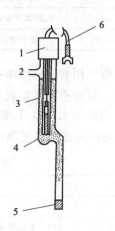

图 2-28 饱和甘汞电极

1—绝缘体；2—加液孔；3—(Pt|Hg$_2$Cl$_2$, Hg)
内电极；4—饱和 KCl 溶液；
5—多孔陶瓷芯；6—导线

用于校正酸度计的 pH 标准溶液一般为 pH 缓冲溶液。我国目前使用的几种 pH 标准缓冲溶液在不同温度下的 pH 值如表 2-4 所示。常用的几种 pH 标准缓冲溶液的组成和配制方法见表 2-5。

表 2-4 不同温度下标准缓冲溶液的 pH 值

T/℃	0.05mol·L^{-1} 草酸三氢钾	饱和酒石酸氢钾	0.05mol·L^{-1} 邻苯二甲酸氢钾	0.025mol·L^{-1} 磷酸二氢钾和磷酸氢二钠	0.01mol·L^{-1} 硼砂
0	1.67	—	4.01	6.98	9.40
5	1.67	—	4.01	6.95	9.39
10	1.67	—	4.00	6.92	9.33
15	1.67	—	4.00	6.90	9.27
20	1.68	—	4.00	6.88	9.22
25	1.69	3.56	4.01	6.86	9.18
30	1.69	3.55	4.02	6.84	9.14
35	1.69	3.55	4.03	6.84	9.10
40	1.70	3.54	4.04	6.84	9.07
45	1.70	3.55	4.05	6.83	9.04
50	1.71	3.55	4.06	6.83	9.01
55	1.71	3.56	4.08	6.83	8.99
60	1.71	3.57	4.10	6.84	8.96

表 2-5 标准缓冲溶液的配制

试剂名称	分子式	浓度 /mol·L^{-1}	试剂的干燥与预处理	配制方法
草酸三氢钾	$KH_3(C_2O_4)_2 \cdot 2H_2O$	0.05	(57 ± 2)℃下干燥	12.7096g $KH_3(C_2O_4)_2 \cdot 2H_2O$ 溶于适量蒸馏水,定容 1L
酒石酸氢钾	$KHC_4H_4O_6$	饱和	不必预先干燥	$KHC_4H_4O_6$ 溶于(25 ± 3)℃蒸馏水中直至饱和
邻苯二甲酸氢钾	$KHC_8H_4O_4$	0.05	(110 ± 5)℃干燥至恒重	10.2112g $KHC_8H_4O_4$ 溶于适量蒸馏水,定容 1L
磷酸二氢钾和磷酸氢二钠	KH_2PO_4 和 Na_2HPO_4	0.025	KH_2PO_4 在(110 ± 5)℃下干燥至恒重,Na_2HPO_4 在(120 ± 5)℃下干燥至恒重	3.4021g KH_2PO_4 和 3.5490g Na_2HPO_4 溶于适量蒸馏水,定容 1L
硼砂	$Na_2B_4O_7 \cdot 10H_2O$	0.01	放在含有 NaCl 和蔗糖饱和溶液的干燥器中	3.8137g $Na_2B_4O_7 \cdot 10H_2O$ 溶于适量去除 CO_2 的蒸馏水,定容 1L

标准缓冲溶液应保存在盖紧的玻璃瓶或塑料瓶中,以免受空气中的 CO_2 或溶剂挥发等的影响。标准缓冲溶液一般在几周内可保持 pH 值稳定不变。在校正时,应先用蒸馏水冲洗电极,并用滤纸轻轻吸干,以免沾污标准缓冲溶液及影响电极的响应速率(复合电极里面容易夹带水)。为了减少测量误差,应选用与待测溶液的 pH 值相近的 pH 标准缓冲溶液来校正酸度计。

(2) PHS-2 型酸度计 酸度计型号较多,目前实验室广泛使用的有 PHS-2 型、PHS-3B 型、PHS-3C 型和梅特勒 320-SPH 计等。它们的结构、功能和使用方法大同小异。下面简单介绍 PHS-2 型酸度计的使用方法。

PHS-2 型酸度计是一种精密数字显示 pH 计,其稳定性较好,操作较简便。图 2-29 所示为该酸度计及面板图。

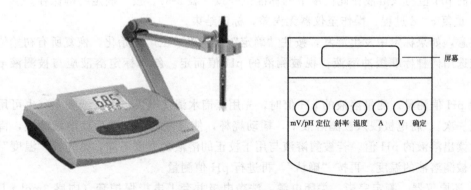

图 2-29 PHS-2 型酸度计及面板图

测量溶液 pH 值时的操作步骤如下:
① 准备工作
a. 按量剂来配制标准缓冲溶液。
b. 新的、久置不用后重新启用的电极,使用前应先在 3.0mol/L 氯化钾溶液中浸泡 2h 以上。

c. 用去离子水清洗电极,再用滤纸吸干,排去球泡内的空气(用手握住电极帽,使球泡部分向下,另一只手轻轻弹击电极管,空气即会上升)。

② pH 值标定

a. 打开仪器电源开关,连接好电极。

b. 温度调节。按"温度"键,进入温度设置状态,通过"∨∧"键,调节温度,按"确定"键保存。

c. 定位标定。取出电极,用去离子水清洗干净,用滤纸吸干,再把电极插入 pH=6.86 的标准缓冲溶液中,按"定位"键,pH 指示灯闪烁,通过"∨∧"键调节使仪器显示的 pH 值与该溶液在此温度下(按"温度"键查看此时该溶液的温度)的标准值一致(表 2-6)。按"确定"键保存。

表 2-6 缓冲溶液的 pH 值与温度关系对照表

温度/℃	pH 值		
	邻苯二甲酸氢钾	中性磷酸盐	硼砂
5	4.01	6.95	9.39
10	4.00	6.92	9.33
15	4.00	6.90	9.27
20	4.01	6.88	9.22
25	4.01	6.86	9.18
30	4.02	6.85	9.14
35	4.03	6.84	9.10
40	4.04	6.84	9.07

d. 斜率标定。取出电极,用去离子水清洗干净,用滤纸吸干,把电极插入 pH=4.00 (或 pH=9.18)的标准溶液中,按"斜率"键,pH 指示灯闪烁,通过"∨∧"键调节使仪器显示的 pH 值与该溶液在此温度下的标准值一致(表 2-6)。按"确定"键保存。

e. 重复 c、d 过程,操作至仪器无误差,标定结束。

注意,如果标定中发生混乱,按住"确定"键开机,工厂初始化,恢复所有初始值。斜率标定选用何种标准缓冲溶液,视被测液的 pH 值而定。斜率标定溶液应与被测液 pH 值相近。

③ pH 值测量。测量溶液的 pH 值时,先用蒸馏水清洗电极,用滤纸吸干(也可用待测溶液洗一次),将电极浸入被测溶液中,摇动烧杯,使溶液均匀,然后让溶液静置,待读数稳定后读出溶液的 pH 值。若被测溶液与用于校正的溶液的温度不同,则先按"温度"使仪器显示被测溶液的温度,再按"确认",再进行 pH 值测量。

④ 还原仪器。测定完毕,关闭电源,洗净电极并套上电极保护套(内盛 3mol·L^{-1} 的 KCl 溶液),盖上防尘罩,并进行仪器使用情况登记。

其他型号的酸度计,使用方法与 PHS-2 型酸度计基本相似,具体可按说明书进行操作。

测量电位的操作步骤:

① 将仪器选择开关拨至 mV 挡,按要求接上各相关电极,接通电源。

② 将电极插入待测溶液中,按下"测量"按钮,所显示的数值便是该指示电极所响应的待测溶液的电位值(相对于参比电极)。如果测量一系列的标准溶液,测量顺序应由稀至

浓进行。

③ 测量结束后，松开"测量"按钮，关闭电源开关。取出电极，用去离子水洗净，再按电极保养要求分别放置于合适的地方。

2. 分光光度计

(1) 分光光度计简介　分光光度计分为红外、紫外-可见、可见分光光度计等几类，有时也称之为分光光度仪或光谱仪。物质分子对可见光或紫外光的选择性吸收在一定的实验条件下符合朗伯-比尔定律，即溶液中的吸光分子吸收一定波长光的吸光度与溶液中该分子的浓度成正比：

$$A = \lg I_0/I_t = \varepsilon bc$$

式中，A 为吸光度，I_0 为入射光强度，I_t 为透过光强度，ε 为摩尔吸光系数，b 为比色皿的厚度，c 为溶液中待测物质的浓度。根据 A 与 c 的线性关系，通过测定标准溶液和待测溶液的吸光度，用图解法或计算法，可求得待测物质的浓度。

可见光分光光度计用于可见光吸光光度法测定。较普遍使用的有 721 型、722 型和 720 型，721 型分光光度计由光源、单色器、吸收池和监测系统四大部分组成，全部装成一体，其结构如图 2-30 所示。

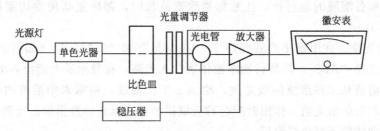

图 2-30　721 型分光光度计结构示意图

下面以 721 型分光度计为例介绍其结构和使用方法。

(2) 721 型分光光度计　721 型分光光度计的光学系统如图 2-31 所示。721 型分光光度计采用自准式光路，单光束。利用钨丝白炽灯泡作光源。由光源 1 发出连续辐射线，经聚光透镜 2 和反射镜 7 后，成为平行光束，经狭缝 6 及准直镜 4 反射到单色器 3，经单色器色散后的光反射至准直镜 4，再经狭缝 6，聚光透镜 8，变成平行的单色器照射到样品池（比色皿）9，经样品池吸收后透过的光照射到光电管 12 上，光电管受光进行光电转换产生

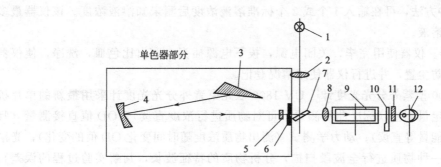

图 2-31　721 型分光光度计的光学系统
1—光源；2—聚光透镜；3—单色器；4—准直镜；5—保护玻璃；6—狭缝；7—反射镜；
8—聚光透镜；9—比色皿；10—光门；11—保护玻璃；12—光电管

光电流,经放大器放大后输送至检流计,由表头直接显示出透光率(透射比,T,%)或吸光度(A)。

721 型分光光度计的使用方法如下。

① 仪器预热。721 型分光度计如图 2-32 所示,先接通电源,打开电源开关,推开试样室门(改进型不需打开,直接将试样池拉手推到底即可,此时,入射光被试样池架挡住),按"方式选择",使"透射比(即 T)"灯亮,仪器显示数字即表示正常。然后让仪器预热 20min 左右。

② 测定透射比。调节波长旋钮至所需值,将装有参比溶液和待测溶液的比色皿置于样品池中(注意:比色皿透明的面朝向入射光,手拿毛玻璃面),关上试样室门。将参比溶液拉至光路中,按"100.0%T"键,使其显示为"100.0"。打开试样室门,看显示屏是否显示 0.00,若不是则按"0%

图 2-32 721 型分光光度计

T"键,使其显示为"0.00"。重复此两项操作,直至仪器显示稳定。然后将待测溶液依次拉入光路,读取各溶液的透射比。注意每当改变波长时,都应重新用参比溶液校正透射比"0.00"和"100.0%"。

③ 测定吸光度。在用参比溶液调好 T "100.0%"和"0.00"后(如第②步),按"方式选择"键,选择"ABS",再将待测溶液依次拉入光路,在显示屏上读出各溶液的吸光度。通过测定标准溶液和未知溶液的吸光度,绘 A-c 工作曲线,根据未知溶液的吸光度可从工作曲线上找出对应的浓度值。作图时应合理选取横坐标与纵坐标数据单位比例,使图形接近正方形,工作曲线位于对角线附近。

④ 浓度直读。在用参比溶液调好 T "100.0%"和"0.00"后(如第②步),按"方式选择"键,使"c"指示灯亮,将第 1 个标准溶液拉入光路,按"选标样点"至"1"亮,再按"置数加"或者"置数减"使显示屏显示该标准溶液的浓度值(或其标准溶液 1 的整数倍数值),按"确认"。再将第 2 个标准溶液拉入光路中,按"选标样点"至"2"亮,再按"置数加"或者"置数减"使显示屏显示该标准溶液的浓度值(或其标准溶液 1 的整数倍数值),按"确认"。如此操作,可再将第 3 个标准溶液的浓度输入。然后将待测的未知溶液置光路中,按"方式选择",使"conc"指示灯亮,显示屏即显示此溶液的浓度值(或其整数倍数值)。用这种方法,可在输入 1 个或 2 个标准溶液浓度后测未知溶液浓度。该仪器最多允许设 3 个标准溶液。

⑤ 还原仪器。仪器使用完毕,关闭电源,拔下电源插头,取出比色皿,洗净,使仪器复原。然后盖上防尘罩,并进行仪器使用情况登记。

(3) UV-1800 型紫外分光光度计 UV-1800 双光束紫外分光光度计采用最新的单片机技术,具有进行定量测量(标准曲线测量,可对物质进行浓度直读);OD 值直接测量(吸光度、透过率和能量等直读);动力学测试(测出物质浓度随时间变化 OD 值的变化);光谱扫描(可以对某一种物质进行全波段扫描,分析物质的特征波长,判断实验过程的误差);多波长测试(可以对物质同时进行多个波长的测试,分析物质的相关特性)等功能,广泛应用于食品、药品、电力、生物研究、教学科研、化学化工、质量监督、水质环保和商检等领域。紫外可见分光光度计,波长范围为 190~1100nm,能满足不同物质的测试。下面按照仪器的不同功能简单介绍其操作和使用方法。

仪器的主菜单如图 2-33 所示。

① 接通电源，让仪器预热至少 20min，使仪器进入热稳定工作状态（开机前，打开样品室顶盖先确认仪器样品室内是否有东西挡在光路上）。

② 按"ON/OFF"按钮，仪器即进入自检状态，仪器自动巡检。

③ 自检结束，进入主菜单，选择测量模式，如选择"2"即光度测量。按 F1 键进行自动校准，当主菜单显示基准透过率为 100% 时，校准成功。

主菜单
1. 波长扫描
2. 光度测量
3. 定量分析
4. 时间扫描
5. 实时测量
6. 系统设置

图 2-33　UV-1800 型紫外分光光度计主菜单

④ 按"波长设置键"，根据测试要求选择分析的波长值或波长范围，设置好以上参数后，即可进行正常的测试。

⑤ 用左手大拇指轻轻用力将样品室顶盖打开，用右手将被测试样品放入样品室内，将被测样品拉入光路中，盖上样品室顶盖，仪器显示屏自动显示数据，读取显示器上数值并记录。

⑥ 测试结束，将样品室顶盖轻轻盖上，并关闭电源。拔下电源插头，取出比色皿，洗净，使仪器复原。然后盖上防尘罩，并进行仪器使用情况登记。

第三章
定量分析基本操作实验

实验一 容量仪器的校准

一、实验目的

1. 了解容量仪器校准的意义。
2. 学习滴定管、容量瓶的校准及移液管和容量瓶的相对校准方法。

二、实验原理

滴定管、移液管和容量瓶等玻璃仪器，其刻度和标示容量与实际值并不完全相符（存在允差等）。因此，对于准确度要求较高的分析测试，有必要对所使用的容量仪器进行校准。

容量仪器的校准方法有称量法和相对校准法。称量法是指用分析天平称量被校量器量入或量出的纯水的质量 m，再根据纯水的密度计算出被校量器的实际容量。

各种量器上标出的刻度和容量，一般为20℃时量器的容量。但在实际校准时，温度不一定是20℃，且容器中纯水的质量是在空气中称量的。因此，用称量法校准时须考虑三种因素的影响，即空气浮力所致称量质量的改变、纯水的密度随温度的变化和玻璃容器本身容积随温度的变化，并加以校正。由于玻璃的膨胀系数极小，在温度相差不太大时其容量变化可以忽略。

表1所示为20℃时容量为1L的玻璃容器在不同温度时所盛纯水的质量，即不同温度时纯水的密度（$g \cdot L^{-1}$）。据此可计算其他玻璃容量仪器的校正值。如某支25mL移液管在25℃放出的纯水质量为24.921g，纯水的密度为0.99617 $g \cdot mL^{-1}$，则该移液管20℃时的实际容积为：

$$V_{20} = 24.921g/0.99617g \cdot mL^{-1} = 25.02mL$$

这支移液管的校正值为 25.02mL−25.00mL=+0.02mL。

需要指出的是，校准不当和使用不当都会产生容量误差，其误差甚至可能超过允差或量器本身的误差。因此，在校准时必须正确、仔细地进行操作。凡要使用校准值的，校准次数不应少于两次，且两次校准数据的偏差应不超过该量器容量允许偏差的1/4，并取其平均值作为校准值。

表 1　不同温度下 1L 纯水的质量（在空气中用黄铜砝码称量）

温度/℃	质量/g	温度/℃	质量/g	温度/℃	质量/g
10	998.39	19	997.34	28	995.44
11	998.33	20	997.18	29	995.18
12	998.24	21	997.00	30	994.91
13	998.15	22	996.80	31	994.64
14	998.04	23	996.60	32	994.34
15	997.92	24	996.38	33	994.06
16	997.78	25	996.17	34	993.75
17	997.64	26	995.93	35	993.45
18	997.51	27	995.69		

有时，只要求两种容器之间有一定的比例关系，而无需知道它们各自的准确体积，这时可用容量相对校准法。经常配套使用的移液管和容量瓶，采用相对校准法更为重要。例如，用 25mL 移液管移取蒸馏水于干净且倒立晾干的 100mL 容量瓶中，到第 4 次重复操作后，观察瓶颈处蒸馏水的弯月面下缘是否刚好与刻线上缘相切。若不相切，应重新作一记号为标线，以后该移液管和容量瓶配套使用时就用校准的标线。若想更全面、详细地了解容量仪器的校准，可参考相关手册。

三、主要试剂和仪器

1. 分析天平（精度 0.1mg）
2. 滴定管（50mL）
3. 容量瓶（100mL）
4. 移液管（25mL）
5. 锥形瓶（50mL，带磨口玻璃塞）

四、实验步骤

1. 滴定管的校准

取一洗净且外表干燥的带磨口玻璃塞的锥形瓶，用分析天平称出空锥形瓶质量，可只记录至 0.001g 位。再向已洗净的滴定管中加纯水，并将液面调至 3.00mL 刻度或稍低处，然后从滴定管中放出一定体积（如放出 10mL）的纯水于已称量的锥形瓶中，盖紧塞子，称出其质量，两次质量之差即为放出纯水的质量。放水时滴定管滴嘴应与锥形瓶内壁接触，以便收集管尖余液，放完等 1min 后再准确读数。用此法称量每次从滴定管中放出的约 5mL 或 10mL 纯水（记为 V_0）的质量，直到放至 50mL，用每次称得的纯水的质量除以实验水温时纯水的密度，即可得到滴定管各部分的实际容量 V_{20}。重复校准一次，两次相应区间纯水的质量相差应小于 0.02g，求出平均值，并计算校准值 $\Delta(V_{20}-V_0)$。

表 2 所示为在水温 21℃时校准的一支 50mL 滴定管的部分实验数据。最后一项为总校正值，等于前面几次校正值的代数和。校准时也可每次都从滴定管的 0.00mL 刻度或稍低处

开始分别放不同体积如 10mL、20mL、30mL 的纯水后称量，求得总校正值。

表2　50mL 滴定管校正表（水温 21℃，纯水的密度为 0.99700g·mL^{-1}）

滴定管读数/mL	读数的容积/mL	m(瓶+纯水)/g	m(纯水)/g	V_{20}/mL	ΔV 校正值/mL	总校正值/mL
0.03		29.200(空瓶)				
10.13	10.10	39.280	10.080	10.12	+0.02	+0.02
20.10	9.97	49.190	9.910	9.95	−0.02	0.00
30.17	10.07	59.270	1.080	10.12	+0.05	+0.05
40.20	10.03	69.240	9.970	10.01	−0.02	+0.03
49.99	9.79	79.070	9.830	9.87	+0.08	+0.11

移液管和吸量管也可采用上述称量法进行校准。用称量法校准容量瓶时，不必用锥形瓶称量，且准确称重至 0.01g 即可。

2. 移液管和容量瓶的相对校准

用洁净的 25mL 移液管移取纯水于干净且晾干的 100mL 容量瓶中，重复操作 4 次后，观察液面的弯月面下缘是否恰好与标线相切，若不相切，则用胶布在瓶颈上另作标记，在以后的实验中，若此移液管和容量瓶配套使用，以新标记为准。

说明：

1. 操作技术和仪器的洁净度是校准成败的关键，如果操作不够规范，其校准结果不宜在以后的实验中使用。
2. 仪器的校准应连续、迅速地完成，以避免温度的波动和水的蒸发所引起的误差。

五、思考题

1. 校准滴定管时，锥形瓶和纯水的质量只需准确到 0.001g，为什么？
2. 容量瓶校准时为什么需要晾干？在用容量瓶配制标准溶液时是否也要晾干？
3. 在实际分析工作中如何应用滴定管的校准值？
4. 怎样用称量法校准移液管（单标线吸量管）？

注：本实验选自武汉大学编《分析化学实验》（第五版）。

实验二　滴定分析操作练习

一、实验目的

1. 学习滴定分析常用仪器的洗涤和正确使用方法。
2. 学会指示剂的选择及确定以甲基橙、酚酞为指示剂的滴定终点。

二、实验原理

HCl 溶液和 NaOH 溶液相互滴定时，其化学计量点的 pH 值为 7.0。滴定的 pH 值突跃范围为 4～10（若它们的浓度为 0.1mol·L^{-1} 左右时）。在此突跃范围内变色的指示剂有甲基橙（变色范围：pH＝3.1～4.4）、甲基红（变色范围：pH＝4.4～6.2）和酚酞（变色范围：pH＝8.0～9.6）等，以它们为指示剂确定滴定终点，则滴定就有足够的准确性。当 HCl 溶液和 NaOH 溶液浓度一定时，滴定至终点所耗 HCl 和 NaOH 的体积比（V_{HCl}/V_{NaOH}）应是一定的，但实际滴定结果可能并不完全相同，这与滴定操作和判断终点的技能有关。因此，通过多次滴定可检验滴定操作者的实验技能。

三、主要试剂和仪器

1. 浓 HCl 溶液
2. 固体 NaOH
3. 甲基橙溶液（$1g·L^{-1}$）
4. 酚酞溶液（$2g·L^{-1}$，乙醇溶液）
5. 滴定管（50mL）
6. 锥形瓶（250mL）
7. 烧杯（50mL）
8. 量筒（10mL）
9. 移液管（25mL）

四、实验步骤

1. 滴定操作练习

用 $0.1mol·L^{-1}$ NaOH 溶液润洗碱式滴定管 2～3 次（每次用 5～10mL 溶液）。然后将 NaOH 溶液倒入碱式滴定管中，调节滴定管液面至 0.00mL 刻度。

用 $0.1mol·L^{-1}$ HCl 溶液润洗酸式滴定管 2～3 次（每次用 5～10mL 溶液）。然后将 HCl 溶液倒入酸式滴定管中，调节滴定管液面至 0.00mL 刻度。

从碱式滴定管中放出约 20mL NaOH 溶液于 250mL 锥形瓶中，再加 1 滴甲基橙指示剂，然后用酸式滴定管中的 HCl 溶液滴定锥形瓶中的 NaOH 溶液，进行滴定操作练习，同时观察指示剂颜色的变化。练习过程中，可在加入过量 HCl 溶液后再用 NaOH 溶液滴定 HCl 溶液，或在补加 NaOH 溶液后用 HCl 溶液滴定，如此反复或交替滴定，直至操作比较熟练后，再进行下面的实验。

2. HCl 溶液与 NaOH 溶液相互滴定

由碱式滴定管中放出 20～25mL NaOH 溶液于锥形瓶中（注意：放出溶液时一般以每秒滴入 3～4 滴溶液为宜，若溶液放出速度较快，则应稍等一下后再读数），加入 1 滴甲基橙指示剂，用 $0.1mol·L^{-1}$ HCl 溶液滴定至黄色转变为橙黄色，记下读数。如此操作，再滴定 2 份。计算体积比 V_{HCl}/V_{NaOH}，要求相对偏差在 ±0.3% 以内。

用移液管吸取 25.00mL $0.1mol·L^{-1}$ HCl 溶液于 250mL 锥形瓶中，加 2～3 滴酚酞指示剂，用 $0.1mol·L^{-1}$ NaOH 溶液滴定至溶液呈微红色，并保持 30s 不褪色即为终点。如此平行滴定 3 份，要求各次所消耗 NaOH 溶液体积的最大差值不超过 ±0.04mL。

以百里酚蓝-甲酚红混合指示剂（从黄色变成紫色）代替酚酞，进行上述操作。平行滴定 3 份，记录所消耗的 NaOH 溶液体积，要求 3 次体积之间的最大差值在 ±0.04mL 以内。

五、实验数据记录

表1　HCl溶液滴定NaOH溶液（指示剂：甲基橙）

编号	1	2	3
$V(\text{NaOH})/\text{mL}$			
$V(\text{HCl})/\text{mL}$			
$V(\text{HCl})/V(\text{NaOH})$			
$V(\text{HCl})/V(\text{NaOH})$平均值			
相对偏差/%			
相对平均偏差/%			

表2　NaOH溶液滴定HCl溶液（指示剂：酚酞）

编号	1	2	3
$V(\text{HCl})/\text{mL}$			
$V(\text{NaOH})/\text{mL}$			
$V(\text{NaOH})$平均值/mL			
$V(\text{NaOH})$的极差/mL			

表3　HCl溶液滴定NaOH溶液（指示剂：百里酚蓝-甲酚红混合指示剂）

编号	1	2	3
$V(\text{NaOH})/\text{mL}$			
$V(\text{HCl})/\text{mL}$			
$V(\text{HCl})$平均值/mL			
$V(\text{HCl})$的极差/mL			

说明：本实验中所用的NaOH溶液不适用于NaOH标准溶液，仅限于在滴定练习中使用。

六、思考题

1. 配制NaOH溶液时，应选用何种天平称取试剂？为什么？
2. 能直接配制准确浓度的HCl溶液和NaOH溶液吗？为什么？
3. 在滴定分析实验中，滴定管、移液管为何需要用滴定剂和要移取的溶液润洗几次？滴定中使用的锥形瓶是否也要用滴定剂润洗？为什么？
4. 为什么用HCl溶液滴定NaOH溶液时一般采用甲基橙指示剂，而用NaOH溶液滴定HCl溶液时以酚酞为指示剂？

实验三　标准溶液的配制及标定

一、实验目的

1. 进一步熟练移液管、容量瓶、滴定管的使用方法及基本操作。

2. 掌握标准溶液的配制及标定方法。
3. 了解化学试剂的相关知识，清楚质量分数和物质的量浓度的关系。

二、实验原理

正确地配制、合理地使用溶液是实验成败的关键因素之一。所谓正确地配制溶液是指溶液配制中，要根据溶液浓度在精度上的要求，根据试剂与溶质的性质，合理选用试剂级别、试剂的预处理方法、称量方法、配制用量器和配制时的操作流程，以及溶液的储存保管方法。定量分析测定中，溶液浓度的准确度必须符合测量的要求。

溶液在配制时具体计算及配制步骤如下。

由固体物质配制：

$$m(溶质)=cVM$$

式中 c——物质的量浓度，$mol \cdot L^{-1}$；
　　　V——溶液体积，L；
　　　M——物质的摩尔质量，$g \cdot mol^{-1}$。

由已知物质的量浓度溶液稀释：

$$V(原)=c(新)V(新)/c(原)$$

式中 c（新）——稀释后溶液的物质的量浓度，$mol \cdot L^{-1}$；
　　　V（新）——稀释后溶液的体积，mL；
　　　c（原）——原溶液的物质的量浓度，$mol \cdot L^{-1}$；
　　　V（原）——取原溶液的体积，mL。

NaOH 试剂易吸收空气中的 CO_2 和 H_2O，如果用含有少量 Na_2CO_3 的 NaOH 标准溶液滴定酸时，选用酚酞作指示剂，则对观察终点颜色变化和滴定结果均会有影响，因此，必须防止有 CO_2。比较好的做法是将 NaOH 先配制成 50％饱和溶液（20℃时约为 $19mol \cdot L^{-1}$），在这种溶液中 Na_2CO_3 的溶解度很小。NaOH 浓溶液经过离心或放置一段时间后，取一定量上清液，用新煮沸并冷却的纯水稀释至一定体积再进行标定，便可得到不含 Na_2CO_3 的 NaOH 标准溶液。

由于氢氧化钠和盐酸均为非基准物质，无法配制准确浓度的标准溶液，均需要采用标定法配制标准溶液。邻苯二甲酸氢钾（$KHC_8H_4O_4$，简写为 KHP）和硼砂（$Na_2B_4O_7 \cdot 10H_2O$）的纯度高、稳定，而且摩尔质量大，为基准物质，KHP 与 NaOH 按 1∶1 摩尔比定量反应，可称取一定质量固体溶解，对 NaOH 溶液进行标定，滴定时选用酚酞作指示剂。硼砂与 HCl 按 1∶2 摩尔比定量反应，可称取一定质量固体溶解，对 HCl 溶液进行标定，滴定时选用甲基红作指示剂。

三、主要试剂和仪器

1. 玻璃仪器 烧杯（100mL、500mL）、移液管（25.00mL）、容量瓶（250mL、500mL）、锥形瓶（250mL）酸、碱滴定管（50mL）、量筒、试剂瓶。
2. 氢氧化钠
3. 邻苯二甲酸氢钾
4. 盐酸（$6mol \cdot L^{-1}$）

5. 酚酞指示剂（2g·L^{-1}，乙醇溶液）
6. 甲基红指示剂（0.2%，60%乙醇溶液）
7. 电子天平（精度为0.1g、0.1mg）

四、实验步骤

1. 配制500mL 0.1mol·L^{-1}的HCl溶液

用量筒量取6mol·L^{-1}盐酸溶液xmL（具体数值需学生自己计算）于500mL的烧杯中，再用量筒量取$(250-x)$mL的蒸馏水慢慢加到盐酸溶液中，用玻璃棒搅拌均匀后，转移至试剂瓶中，贴好标签备用。

2. 配制0.1mol·L^{-1}的NaOH标准溶液

（1）50%饱和NaOH溶液的配制

用台秤（或精度为0.1g的电子天秤）称取xg（具体数值需学生自己计算）氢氧化钠固体于一洁净干燥的100mL烧杯中，用量筒量取50mL蒸馏水溶解，用玻璃棒搅拌均匀后，转移至试剂瓶中，贴好标签备用。

（2）配制0.1mol·L^{-1}的NaOH标准溶液

煮沸400mL水，冷却至室温后快速加入50%饱和NaOH溶液上清液xmL（具体数值需学生自己计算），迅速搅拌均匀后，立即倒入试剂瓶中，密封贴好标签备用。

3. 配制$K_2Cr_2O_7$标准溶液

将$K_2Cr_2O_7$在150～180℃烘干2h，放入干燥器冷却至室温，准确称取0.6～0.7g $K_2Cr_2O_7$于小烧杯中，加蒸馏水溶解后转移至250mL容量瓶中，用蒸馏水稀释至刻度，摇匀，将溶液转移至试剂瓶中，计算$K_2Cr_2O_7$的浓度，贴好标签备用。

4. 0.1mol·L^{-1} NaOH溶液的标定

用差减法称取$KHC_8H_4O_4$基准物质0.4～0.6g于250mL锥形瓶中，加40～50mL蒸馏水溶解，加入2～3滴酚酞指示剂，用待标定的NaOH溶液滴定至溶液呈微红色并保持30s不褪色，即为终点。平行标定3份，计算NaOH溶液的浓度和各次标定结果的相对偏差，相对偏差应小于或等于±0.2%，否则需重新标定。

5. 0.1mol·L^{-1} HCl溶液标定

用差减法准确称取0.4～0.6g硼砂置于250mL锥形瓶中，加50mL蒸馏水使之溶解，再加2滴甲基红指示剂，用0.1mol·L^{-1} HCl溶液滴定至溶液由黄色恰好变为橙黄色即为终点。平行滴定3～5份，计算HCl溶液的浓度。

五、实验数据记录

表1 HCl溶液的配制

$V(6\text{mol}\cdot\text{L}^{-1}\text{HCl})/\text{mL}$	$V_{蒸馏水}/\text{mL}$	$V(0.1\text{mol}\cdot\text{L}^{-1}\text{HCl})/\text{mL}$
		500

表2 NaOH溶液的配制

$m(\text{NaOH})/\text{g}$	$V(饱和\text{NaOH}溶液)/\text{mL}$	$V(0.1\text{mol}\cdot\text{L}^{-1}\text{NaOH})/\text{mL}$

表3 K$_2$Cr$_2$O$_7$ 溶液的配制

m(K$_2$Cr$_2$O$_7$)/g	V(K$_2$Cr$_2$O$_7$)/mL	c(K$_2$Cr$_2$O$_7$)/mol·L^{-1}
	500.0	

表4 KHC$_8$H$_4$O$_4$ 标定 NaOH 溶液

编号	1	2	3
m(KHC$_8$H$_4$O$_4$)/g			
V(NaOH)/mL			
c(NaOH)/mol·L^{-1}			
c(NaOH 平均值)/mol·L^{-1}			
相对偏差/%			
相对平均偏差/%			

表5 0.1mol·L^{-1} HCl 溶液的标定

编号	1	2	3
m(硼砂)/g			
V(HCl)/mL			
c(HCl)/mol·L^{-1}			
c(HCl)平均值/mol·L^{-1}			
相对偏差/%			
相对平均偏差/%			

说明：

1. 每个同学自带三个干净的矿泉水瓶（分别用于装盛配好的盐酸、氢氧化钠溶液和 K$_2$Cr$_2$O$_7$ 溶液）。

2. 标签上要写明——物质的名称和浓度、配制的日期、本人的姓名或学号。本实验所配制标定好的盐酸和氢氧化钠溶液供"酸碱滴定"和"氧化还原滴定"实验使用。

3. 本实验中所配制的 NaOH 标准溶液在存放过程中要密封，防止吸收空气中的 CO$_2$。

六、思考题

1. 用容量瓶配制溶液时，要不要把容量瓶干燥，要不要用被稀释的溶液洗三遍，为什么？
2. 怎样洗涤移液管，水洗后的移液管在使用前还要用吸取的溶液来润洗，为什么？
3. 配制 HCl 和 NaOH 溶液时，为什么不用容量瓶定容？
4. 可否用无水 Na$_2$CO$_3$ 标定 HCl 溶液？为什么？

第二篇　定量分析实验

第一章
酸碱滴定实验

实验一　食用醋总酸度的测定（常量、微量滴定）

一、实验目的

1. 了解强碱滴定弱酸过程中溶液 pH 值的变化以及指示剂的选择。
2. 学习食用醋中总酸度的测定方法。

二、实验原理

食用醋的主要酸性物质是醋酸（HAc），此外还含有少量其他弱酸，如乳酸等。醋酸的解离常数 $K_a^{\ominus}=1.8\times10^{-5}$，用 NaOH 标准溶液滴定醋酸，化学计量点的 pH 值约为 8.7，可选用酚酞为指示剂，滴定终点时溶液由无色变为微红色。滴定时，不仅 HAc 与 NaOH 反应，食用醋中可能存在的其他酸也与 NaOH 反应，故滴定所得为总酸度，以 $\rho(\text{HAc})/\text{g}\cdot\text{L}^{-1}$ 表示。

三、主要试剂和仪器

1. NaOH 标准溶液（$0.1\text{mol}\cdot\text{L}^{-1}$）
2. 酚酞指示剂（$2\text{g}\cdot\text{L}^{-1}$，乙醇溶液）

3. 食用醋试液

4. 玻璃仪器　烧杯（100mL）、移液管（25mL）、碱式滴定管（50mL、10mL）、锥形瓶（25mL、250mL）、容量瓶（50mL、250mL）。

四、实验步骤

1. 食用醋总酸度的测定（常量滴定）

准确移取食用醋 25.00mL 于 250mL 容量瓶中，用新煮沸并冷却的蒸馏水稀释至刻度，摇匀。用移液管移取 25.00mL 上述稀释后的试液于 250mL 锥形瓶中，加入 2~3 滴酚酞指示剂。用上述 $0.1\text{mol} \cdot \text{L}^{-1}$ NaOH 标准溶液滴至溶液呈微红色且 30s 内不褪色，即为终点。平行测定 3 次，根据消耗的 NaOH 标准溶液的量，计算食用醋总酸度 $\rho(\text{HAc})/\text{g} \cdot \text{L}^{-1}$。

2. 食用醋总酸度的测定（微量滴定）

准确吸取食用醋试液 5.00mL 于 50mL 容量瓶中，用新煮沸并冷却的蒸馏水稀释至刻度，摇匀。用移液管移取 2.00mL 上述稀释后的试液于 25mL 锥形瓶中，加入 5mL 蒸馏水，1 滴酚酞指示剂。用上述 $0.1\text{mol} \cdot \text{L}^{-1}$ NaOH 标准溶液（用 10mL 碱式滴定管）滴至溶液呈微红色且 30s 内不褪色，即为终点。平行测定 3 次，根据消耗的 NaOH 标准溶液的量，计算食用醋总酸度 $\rho(\text{HAc})/\text{g} \cdot \text{L}^{-1}$。

五、实验数据记录

表1　食醋总酸度的测定 [$c(\text{NaOH}) = $ _____ $\text{mol} \cdot \text{L}^{-1}$]

编号	1	2	3
V(食用醋)/mL			
V(稀释后)/mL			
V(NaOH)/mL			
$\rho(\text{HAc})/\text{g} \cdot \text{L}^{-1}$			
$\rho(\text{HAc})$平均值/$\text{g} \cdot \text{L}^{-1}$			
相对偏差/%			
相对平均偏差/%			

说明：微量滴定实验中，如果实验室配备半微量滴定管（10mL），滴定实验结果会更准确。如果没有，可用 5mL 吸量管自制微量滴定管。

六、思考题

1. 以 NaOH 溶液滴定 HAc 溶液，属于哪类滴定？怎样选择指示剂？
2. 测定醋酸含量时，所用的蒸馏水不能含二氧化碳，为什么？

实验二　乙酰水杨酸含量的测定

一、实验目的

1. 学习返滴定法的原理与操作。

2. 熟悉用酸碱滴定法测定阿司匹林药片的方法。

二、实验原理

阿司匹林是一种广泛使用的解热镇痛药，它的药用成分是乙酰水杨酸。由于乙酰水杨酸还能抑制血小板的聚集，因此，阿司匹林还是预防和治疗血栓等心脑血管疾病的药物。乙酰水杨酸是有机弱酸（$K_a^\ominus = 1\times 10^{-3}$），化学式为 $C_9H_8O_4$，摩尔质量为 $180.16 g \cdot mol^{-1}$，微溶于水，易溶于乙醇。在强碱性溶液中溶解并水解为水杨酸（邻羟基苯甲酸）和乙酸盐，因此可以作为一元酸用 NaOH 标准溶液进行直接滴定，选用酚酞作指示剂。其在强碱性溶液中的水解反应式为：

$$\text{COOH-C}_6\text{H}_4\text{-OCOCH}_3 + 2OH^- \longrightarrow \text{COO}^-\text{-C}_6\text{H}_4\text{-OH} + CH_3COO^- + H_2O$$

滴定反应为：

$$\text{COOH-C}_6\text{H}_4\text{-OCOCH}_3 + OH^- \longrightarrow \text{COO}^-\text{-C}_6\text{H}_4\text{-OCOCH}_3 + H_2O$$

由于药片中一般都添加了一定量的赋形剂，如硬脂酸镁、淀粉等不溶物，不宜直接滴定，可采用返滴定法进行测定。将药片研磨成粉状后加入过量的 NaOH 标准溶液，加热一段时间使乙酰基水解完全，再以酚酞为指示剂，用 HCl 标准溶液返滴定过量的 NaOH，滴定至溶液由红色变为接近无色即为终点。在这一反应过程中，1mol 乙酰水杨酸消耗 2mol NaOH。滴定应在 10℃ 以下的中性乙醇介质中进行，以防止乙酰基水解。

三、主要试剂和仪器

1. NaOH 标准溶液（$1 mol \cdot L^{-1}$，$0.1 mol \cdot L^{-1}$）
2. HCl 标准溶液（$0.1 mol \cdot L^{-1}$）
3. 酚酞指示剂（$2g \cdot L^{-1}$，乙醇溶液）
4. 阿司匹林药片
5. 乙醇（95%）
6. 纯乙酰水杨酸
7. 玻璃仪器　烧杯（100mL）、移液管（25mL）、碱式滴定管（50mL）、锥形瓶（250mL）、容量瓶（100mL、250mL）、表面皿、研钵、量筒。
8. 电炉

四、实验步骤

1. 阿司匹林药片中乙酰水杨酸含量的测定

将阿司匹林药片研成粉末后，准确称取约 0.6g 药粉于干燥的 100mL 烧杯中，用移液管准确加入 25.00mL $1 mol \cdot L^{-1}$ NaOH 标准溶液后，用量筒加 30mL 蒸馏水，盖上表面皿，轻摇几下，置于近沸水浴加热 15min，迅速用流水冷却，将烧杯中的溶液定量转移至 100mL 容量瓶中，用蒸馏水稀释至刻度，摇匀，准确移取上述试液 10.00mL 于 250mL 锥形瓶中，加 20～30mL 蒸馏水，2～3 滴酚酞指示剂，用 0.1mol·L^{-1} HCl 标准溶液滴至红色刚好消失即为终点。平行测定 3 份，根据所消耗的 HCl 溶液的体积计算药片中乙酰水杨酸的质量分数。

2. NaOH 标准溶液与 HCl 标准溶液体积比的测定（空白试验）

用移液管准确移取 25.00mL 1mol·L^{-1} NaOH 溶液于 100mL 烧杯中，在与测定药粉相同的实验条件下进行加热，冷却后，定量转移至 100mL 容量瓶中，稀释至刻度，摇匀。准确移取上述试液 10.00mL 于 250mL 锥形瓶中，加 20～30mL 蒸馏水、2～3 滴酚酞指示剂，用 0.1mol·L^{-1} HCl 标准溶液滴至红色刚刚消失即为终点。平行测定 3 份，计算 V_{NaOH}/V_{HCl} 值。

3. 乙醇的预中和

量取约 60mL 乙醇置于 100mL 烧杯中，加入 8 滴酚酞指示剂，在搅拌下滴加 0.1mol·L^{-1} NaOH 溶液至刚刚出现微红色，盖上表面皿，泡在冰水中。

4. 乙酰水杨酸（晶体）纯度的测定

准确称取乙酰水杨酸试样约 0.4g 于干燥的 250mL 锥形瓶中，加入 20mL 中性冷乙醇，摇动溶解后立即用 0.1mol·L^{-1} NaOH 标准溶液滴定至微红色，保持 30s 不褪色，即为终点。平行测定 3 份，计算乙酰水杨酸试样的纯度（%）。

五、实验数据记录

表1　药片中乙酰水杨酸含量 [$c(NaOH)=$ _____ mol·L^{-1}，$V(NaOH)=25.00$mL]

编号	1	2	3
m(乙酰水杨酸试样)/g			
V(HCl)/mL			
c(HCl)/mol·L^{-1}			
w(乙酰水杨酸试样)/%			
w(乙酰水杨酸试样)平均值/%			
相对偏差/%			
相对平均偏差/%			

表2　NaOH 标准溶液与 HCl 标准溶液体积比的测定

编号	1	2	3
V(NaOH)/mL			
V(HCl)/mL			
V(HCl)/V(NaOH)			
V(HCl)/V(NaOH)平均值			
相对偏差/%			
相对平均偏差/%			

表 3　乙酰水杨酸（晶体）纯度的测定

编号	1	2	3
m(乙酰水杨酸试样)/g			
V(NaOH)(0.1mol·L^{-1})/mL			
w(乙酰水杨酸)/%			
w(乙酰水杨酸)平均值/%			
相对偏差/%			
相对平均偏差/%			

说明：

1. 95%乙醇中会含有微量的 H$^+$，需要预先去除。

2. 如果用含有少量 Na$_2$CO$_3$ 的 1mol·L^{-1} NaOH 溶液，选用酚酞作指示剂，则对观察终点颜色变化和滴定结果均会有影响。所以，配制 1mol·L^{-1} NaOH 溶液的方法应与 0.1mol·L^{-1} NaOH 标准溶液配制方法相同（详见第一篇第三章实验三）。

六、思考题

1. 在测定药片的实验中，为什么 1mol 乙酰水杨酸消耗 2mol NaOH，而不是 3mol NaOH？返滴定后的溶液中，水解产物的存在形式是什么？

2. 用返滴定法测定乙酰水杨酸，为何需做空白试验？

3. 称取乙酰水杨酸晶体时，所用锥形瓶为什么要保持干燥？

实验三　缓冲溶液的配制及 pH 值的测定

一、实验目的

1. 了解缓冲溶液的配制方法及相应计算。
2. 学会使用酸度计测定溶液的 pH 值。

二、实验原理

酸碱缓冲溶液一般由浓度较大的弱酸及其共轭碱所组成，如 HAc-Ac$^-$、NH$_4^+$-NH$_3$ 等，这类缓冲溶液不仅具有抗外加强酸强碱的作用，还有抗稀释的作用，对于 HB-B$^-$ 缓冲溶液，其 pH 值可采用如下公式计算：

$$pH = pK_a^{\ominus} + \lg \frac{c(B^-)}{c(HB)}$$

据此，可通过改变 HB、B$^-$ 的比例，配制出一定 pH 值的缓冲溶液。一般是先配制出大致所需 pH 值的溶液，然后测定其 pH 值，再加酸或碱，使 pH 值达到所需值。

溶液的 pH 值常用酸度计测定，有关酸度计的构造及原理参见第一篇第二章。

三、主要试剂和仪器

1. 标准缓冲溶液（pH=4.003 的邻苯二甲酸氢钾，pH=6.864 的混合磷酸盐，pH=

9.182 的硼砂）

2. 冰醋酸
3. 醋酸钠溶液（1mol·L^{-1}）
4. 六亚甲基四胺溶液（2mol·L^{-1}）
5. HCl 溶液（6mol·L^{-1}）
6. 氯化铵溶液（1mol·L^{-1}）
7. 浓氨水
8. pHS-2 型酸度计
9. 复合电极
10. 烧杯（250mL、50mL）

四、实验步骤

1. 配制缓冲溶液

根据表1所示溶液分别在250mL烧杯中配制总体积约为112mL的NaAc-HAc（pH=4.0）、$(CH_2)_6N_4$-HCl（pH=5.0）、NH_3-NH_4Cl（pH=10.0）缓冲溶液。

2. 酸度计的校正

参考第一篇第二章酸度计部分。

3. 缓冲溶液 pH 值的测定

将复合电极用蒸馏水吹洗，用滤纸片将电极吸干后，再把电极插入待测缓冲溶液中，轻轻摇动溶液，待显示屏上的数值稳定后读出缓冲溶液的 pH 值，然后再清洗电极，测定其他缓冲溶液的 pH 值，测量完毕，将电极吹洗干净后，用滤纸吸干。将盛满饱和 KCl 溶液的电极保护套套上，取下电极放回电极盒内，关上电源。

五、实验数据记录

表 1　缓冲溶液的 pH 值

缓冲溶液及 pH 值	组分浓度	体积	pH 测量值
NaAc-HAc,4.0	36% HAc		
	1mol·L^{-1} NaOH	40	
$(CH_2)_6N_4$-HCl,5.0	2mol·L^{-1} $(CH_2)_6N_4$		
	6mol·L^{-1} HCl	10	
NH_3-NH_4Cl,10.0	1mol·L^{-1} NH_4Cl	40	
	浓氨水		

说明：

1. 每个同学自带三个干净的矿泉水瓶，分别用于盛装配好的 NaAc-HAc（pH=4.0）、$(CH_2)_6N_4$-HCl（pH=5.0）、NH_3-NH_4Cl（pH=10.0）缓冲溶液。

2. 标签上要写明——物质的名称和浓度、配制的日期、本人的姓名和学号。本实验所配制标定好的缓冲溶液供"络合滴定"实验使用。

六、思考题

1. 缓冲溶液的缓冲原理是什么？
2. 试对本实验中配制的缓冲溶液的 pH 值进行理论计算，并与实验测量值对比。

实验四　氮肥中氮含量的测定（甲醛法）

一、实验目的

1. 了解弱酸强化的基本原理。
2. 掌握甲醛法测定氨态氮的原理及操作方法。
3. 熟练掌握酸碱指示剂的选择原理。

二、实验原理

硫酸铵是常用的氮肥之一。氮在自然界的存在形式比较复杂，测定物质中氮含量时，可以用总氮、氨态氮、硝酸态氮、酰胺态氮等表示方法。由于铵盐中（NH_4^+）的酸性太弱（$K_a^\ominus = 5.6 \times 10^{-10}$），不能用 NaOH 标准溶液直接滴定，故要采用蒸馏法（又称作凯氏定氮法）或甲醛法进行测定。

甲醛与 NH_4^+ 作用生成质子化的六亚甲基四胺和 H^+，反应式为：

$$4NH_4^+ + 6HCHO = (CH_2)_6N_4H^+ + 3H^+ + 6H_2O$$

生成的 $(CH_2)_6N_4H^+$ 的 $K_a^\ominus = 7.1 \times 10^{-6}$，也可以被准确滴定，因而该反应称为弱酸的强化，这里 4mol NH_4^+ 生成了可被准确滴定的 4mol 的酸，故氮与 NaOH 的化学计量数比为 1:1。

若试样中含有游离酸，加甲醛之前应事先以甲基红为指示剂，用 NaOH 溶液预中和至甲基红变为黄色（pH≈6），再加入甲醛，以酚酞为指示剂用 NaOH 标准溶液滴定强化后的产物。

三、主要试剂和仪器

1. NaOH 标准溶液（0.1mol·L^{-1}）
2. 甲基红指示剂（2g·L^{-1} 60%乙醇溶液或其钠盐的水溶液）
3. 酚酞指示剂（2g·L^{-1} 乙醇溶液）
4. 甲醛（18%，即 1+1）
5. $KHC_8H_4O_4$（基准试剂）
6. 玻璃仪器　烧杯（100mL）、移液管（25mL）、碱式滴定管（50mL）、锥形瓶（250mL）、容量瓶。

四、实验步骤

1. 甲醛溶液的预处理

甲醛中常含有微量酸，应事先中和。其方法如下：取原瓶装甲醛上层清液于烧杯中，加水稀释一倍，加入 2~3 滴酚酞指示剂，用 NaOH 标准溶液滴定甲醛溶液至呈现微红色。

2. 硫酸铵试样中氮含量的测定

准确称取硫酸铵 $(NH_4)_2SO_4$ 试样 2~3g 于小烧杯中，加入少量蒸馏水溶解，然后把溶液定量转移至容量瓶中，用蒸馏水稀释至刻度，摇匀。移取 3 份 25.00mL 试液分别置于 250mL 锥形瓶中，加入 1 滴甲基红指示剂，用 $0.1mol \cdot L^{-1}$ NaOH 溶液中和至呈黄色，加入 10mL (1+1) 甲醛溶液，再加 1~2 滴酚酞指示剂，充分摇匀，放置 1min 后，用 $0.1mol \cdot L^{-1}$ NaOH 标准溶液滴定至溶液呈微粉红色，并持续 30s 不褪色即为终点。

五、实验数据记录

表 1 硫酸铵试样中氮含量的测定

滴定编号	1	2	3
m(试样)/g			
V(试样)/mL			
V(NaOH)(0.1mol·L^{-1})/mL			
w(N)/%			
w(N)平均值/%			
相对偏差/%			
相对平均偏差/%			

说明：

1. 如果试样中含有游离酸，则应在试样中加入 1~2 滴的甲基红指示剂，用 NaOH 标准溶液滴定至溶液由红色变为橙色，记录所消耗的 NaOH 标准溶液的体积。此部分的量应从甲醛法测定试样所消耗的 NaOH 标准溶液的体积中扣除。

2. 甲醛溶液中常含有少量甲酸，对实验结果也会产生影响，所以也要进行预处理。

六、思考题

1. NH_4^+ 为 NH_3 的共轭酸，为什么不能直接用 NaOH 溶液滴定？

2. NH_4NO_3、NH_4Cl 或 NH_4HCO_3 中的含氮量能否用甲醛法测定？

3. 尿素 $CO(NH_2)_2$ 中含氮量的测定方法为：先加 H_2SO_4 加热消化，全部变为 $(NH_3)_2SO_4$ 后，按甲醛法同样测定，试写出含氮量的计算公式。

4. 为什么中和甲醛中的游离酸使用酚酞指示剂，而中和 $(NH_4)_2SO_4$ 试样中的游离酸却使用甲基红指示剂？

实验五 混合碱的测定（双指示剂法）

一、实验目的

1. 掌握混合碱测定的原理和实验方法。
2. 掌握多元碱滴定中指示剂的选择及混合指示剂的应用。

二、实验原理

混合碱是 NaOH 与 Na_2CO_3 或 $NaHCO_3$ 与 Na_2CO_3 的混合物。要测定同一份试样中各组分的含量，可用 HCl 标准溶液滴定，根据滴定过程中 pH 值变化的情况，选用两种不同的指示剂分别指示第一、第二化学计量点的到达，这种方法称为"双指示剂法"。

常用的两种指示剂分别是酚酞和甲基橙。在混合碱试液中先加入酚酞指示剂。此时溶液呈粉红色。用 HCl 标准溶液滴定至红色恰好变为无色，这是第一个滴定终点，反应式如下：

$$NaOH + HCl = NaCl + H_2O$$
$$Na_2CO_3 + HCl = NaHCO_3 + NaCl$$

设此时消耗 HCl 滴定剂的体积为 V_1，再加入甲基橙指示剂，此时溶液呈黄色。继续用 HCl 标准溶液滴定，使溶液由黄色变为橙黄色，这是第二个滴定终点，反应式如下：

$$HCl + NaHCO_3 = NaCl + CO_2 \uparrow + H_2O$$

设此时消耗 HCl 滴定剂的体积为 V_2，由反应式可知，当 $V_1 > V_2$ 时，试样为 Na_2CO_3 与 NaOH 的混合物，中和 Na_2CO_3 所消耗的 HCl 体积为 $2V_2$，NaOH 消耗 HCl 的体积为 $V_1 - V_2$，按下式可计算出 NaOH 和 Na_2CO_3 组分的含量分别为：

$$w_{NaOH} = \frac{c_{HCl}(V_1 - V_2)M_{NaOH}}{m_s \times \frac{25}{100} \times 1000} \times 100\%$$

$$w_{Na_2CO_3} = \frac{1}{2} \times \frac{c_{HCl} 2V_2 M_{Na_2CO_3}}{m_s \times \frac{25}{100} \times 1000} \times 100\%$$

当 $V_1 < V_2$ 时，试样为 Na_2CO_3 与 $NaHCO_3$ 的混合物。中和 Na_2CO_3 所消耗的 HCl 积为 $2V_1$，$NaHCO_3$ 消耗 HCl 的体积为 $V_2 - V_1$，按下式可计算 $NaHCO_3$ 和 Na_2CO_3 组分的含量：

$$w_{NaHCO_3} = \frac{c_{HCl}(V_2 - V_1)M_{NaHCO_3}}{m_s \times \frac{25}{100} \times 1000} \times 100\%$$

$$w_{Na_2CO_3} = \frac{1}{2} \times \frac{c_{HCl} 2V_1 M_{Na_2CO_3}}{m_s \times \frac{25}{100} \times 1000} \times 100\%$$

式中 m_s——样品质量，g。

双指示剂中的酚酞指示剂可用甲酚红和百里酚蓝混合指示剂代替。甲酚红的变色范围为 6.7（黄）~8.4（红）、百里酚蓝的变色范围为 8.0~9.6，混合后的变色点是 8.3，酸色呈黄色，碱色呈紫色，pH=8.2 玫瑰色，pH=8.4 紫色，此混合指示剂较酚酞指示剂变色敏锐。用盐酸滴定剂滴定溶液由紫色变为粉红色（用新配制相等浓度的 $NaHCO_3$ 溶液作为参比溶液对照，观察指示剂的颜色变化）。

三、主要试剂与仪器

1. HCl 标准溶液（$0.1 mol \cdot L^{-1}$）
2. 混合指示剂（0.1g 甲酚红溶于 100mL 50% 乙醇中，0.1g 百里酚蓝指示剂溶于

100mL 20%乙醇中,0.1%甲酚红:0.1%百里酚蓝=1:6)

3. 甲基橙指示剂
4. 混合碱试样
5. 玻璃仪器 烧杯(50mL)、移液管(25mL)、酸式滴定管(50mL)、锥形瓶(250mL)、容量瓶(100mL)。

四、实验步骤

准确称取混合碱试样 1.0~1.5g 于 50mL 烧杯中,加水使之溶解后,定量转入 100mL 容量瓶中定容。准确移取 25.00mL 试液于 250mL 锥形瓶中,加 5 滴甲酚红-百里酚蓝混合指示剂(或酚酞指示剂),用 HCl 标准溶液滴定至淡蓝色消失(红色消失),溶液略呈微红色时即为终点,记下消耗 HCl 溶液的体积 V_1;再加入 1~2 滴甲基橙指示剂,继续用 HCl 标准溶液滴定至由黄色变为橙色,记下消耗的 HCl 标准溶液的体积 V_2,平行测定 3 份。按公式计算各组分的含量。

五、实验数据记录

表1 混合碱分析 [c(HCl)=_____ mol·L^{-1}]

滴定编号	1	2	3
m(试样)/g			
V(试样)/mL			
V_1(HCl)/mL			
V_2(HCl)/mL			
w(NaOH)/%			
w(NaOH)平均值/%			
相对偏差/%			
相对平均偏差/%			
w(Na$_2$CO$_3$)/%			
w(Na$_2$CO$_3$)平均值/%			
相对偏差/%			
相对平均偏差/%			

说明:

1. 第一化学计量点时选用酚酞作指示剂,但酚酞变色点(pH=9.0)离第一化学计量点较远,为了减少滴定误差,加入酚酞指示剂的量要多一些,为 8 滴。此外,由于它从红色到无色的变化不很敏锐,人眼比较难于观察,所以滴定误差较大(经常达到百分之几),只有在准确度要求不高的分析中应用。为此,分析时常采用参比溶液来对照,以提高分析的准确度。

2. 第一化学计量点时可选用甲酚红-百里酚蓝混合指示剂,酸色为黄色,碱色为紫色,变色点 pH=8.3;pH=8.2 时为玫瑰色,pH=8.4 时为清晰的紫色,此混合指示剂变色敏锐。但由于 0.1mol·L^{-1} HCl 标准溶液滴定 Na$_2$CO$_3$ 在第一化学计量点附近时 pH 值几乎没有突跃。所以即使选用变色敏锐的混合指示剂也最好采用参比溶液来对照。

3. 参比溶液是根据滴定至化学计量点时溶液的组成、浓度、体积和指示剂量，专门配制的相类似的溶液，或者是与化学计量点 pH 值、体积和指示剂量相等的缓冲溶液。在确定终点时用参比溶液作参考。以本实验为例：用 $0.1mol \cdot L^{-1}$ HCl 标准溶液滴定 Na_2CO_3 的第一化学计量点的 pH=8.31。分析中常采用新配制的浓度与第一化学计量点的浓度相同的 $NaHCO_3$ 溶液或 pH=8.31 的缓冲溶液，加入与滴定混合碱时相同量的 8 滴酚酞指示剂或 5 滴甲酚红-百里酚蓝混合指示剂，根据此溶液呈现的颜色来确定第一化学计量点。

六、思考题

1. 实验中采用双指示剂法测定混合碱的组成及含量，当用盐酸标准溶液滴定时，以酚酞或百里酚蓝-甲酚红为指示剂，消耗盐酸的体积为 V_1，再以甲基橙为指示剂，消耗盐酸的体积为 V_2，试判断下列 5 种情况下，混合碱中存在的成分是什么？

   (1) $V_1=0$；(2) $V_2=0$；(3) $V_1>V_2$；(4) $V_1<V_2$；(5) $V_1=V_2$。

2. 取两份相同的混合碱溶液，一份以酚酞为指示剂，另一份以甲基橙为指示剂滴定至终点，哪一份消耗的盐酸体积多？为什么？

3. 以酚酞为指示剂滴定混合碱组分时，在终点前，由于操作失误，造成溶液中盐酸局部过浓，使部分碳酸氢钠过早地转化为碳酸，对测定结果有何影响？为避免盐酸局部过浓，滴定时应怎样操作？

第二章
氧化还原滴定实验

实验一 过氧化氢含量的测定

一、实验目的

1. 掌握 $KMnO_4$ 溶液的配制与标定方法，了解自催化反应。
2. 学习 $KMnO_4$ 法测定 H_2O_2 的原理和方法。
3. 了解 $KMnO_4$ 自身指示剂的特点。

二、实验原理

过氧化氢在工业、生物、医药等方面应用广泛。它可用于漂白毛、丝织物及消毒、杀菌；纯 H_2O_2 能作火箭燃料的氧化剂；工业上可利用 H_2O_2 的还原性除去氯气；在生物方面，则可利用过氧化氢酶对 H_2O_2 分解反应的催化作用，来测量过氧化氢酶的活性。由于过氧化氢有着这样广泛的应用，故常需测定它的含量。

在稀硫酸溶液中，H_2O_2 在室温下能定量、迅速地被高锰酸钾氧化，因此，可用高锰酸钾法测定其含量，有关反应式为：

$$5H_2O_2 + 2MnO_4^- + 6H^+ = 2Mn^{2+} + 5O_2\uparrow + 8H_2O$$

该反应在开始时比较缓慢，滴入的第一滴 $KMnO_4$ 溶液不容易褪色，待生成少量 Mn^{2+} 后，由于 Mn^{2+} 的催化作用，反应速率逐渐加快。化学计量点后，稍微过量的滴定剂 $KMnO_4$（约 $10^{-6}\ mol \cdot L^{-1}$）呈现微红色指示终点的到达。根据 $KMnO_4$ 标准溶液的浓度和滴定所消耗的体积，可算出试样中 H_2O_2 的含量。

$KMnO_4$ 溶液的浓度可用基准物质 As_2O_3、纯铁丝或 $Na_2C_2O_4$ 等标定。若以 $Na_2C_2O_4$ 标定，其反应式为：

$$2MnO_4^- + 5C_2O_4^{2-} + 16H^+ = 2Mn^{2+} + 10CO_2\uparrow + 8H_2O$$

若 H_2O_2 试样中含有乙酰苯胺等稳定剂，则不宜用 $KMnO_4$ 法测定，因为此类稳定剂也消耗 $KMnO_4$。这时可采用碘量法测定，利用 H_2O_2 与 KI 作用析出 I_2，然后用标准硫代硫酸钠溶液滴定生成的 I_2。

三、主要试剂和仪器

1. $Na_2C_2O_4$ 基准试剂（在 105～115℃ 条件下烘干 2h 备用）

2. H_2SO_4 溶液（$3mol \cdot L^{-1}$）

3. $KMnO_4$ 溶液（$0.02mol \cdot L^{-1}$）

4. H_2O_2 溶液（$30g \cdot L^{-1}$）　市售 30% H_2O_2 稀释 10 倍而成，贮存在棕色试剂瓶中。

5. 玻璃仪器　烧杯（1000mL）、移液管（25mL）、酸式滴定管（50mL）、锥形瓶（250mL）、容量瓶（250mL）。

四、实验步骤

1. $KMnO_4$ 溶液的配制

在台秤上称取 $KMnO_4$ 固体约 1.6g 置于 1000mL 烧杯中，加 500mL 蒸馏水使其溶解，盖上表面皿，加热至沸并保持微沸状态约 1h，中间可补加一定量的蒸馏水，以保持溶液体积基本不变。冷却后将溶液转移至棕色瓶内，在暗处放置 2~3 天，然后用 G3 或 G4 砂芯漏斗过滤除去 MnO_2 等杂质，滤液贮存于棕色试剂瓶内备用。另外，也可将 $KMnO_4$ 固体溶于煮沸过的蒸馏水中，让该溶液在暗处放置 6~10 天，用砂芯漏斗过滤备用。有时也可不经过滤而直接取上层清液进行实验。

2. $KMnO_4$ 溶液的标定

准确称取 0.15~0.20g $Na_2C_2O_4$ 基准物质 3 份，分别置于 250mL 锥形瓶中，向其中各加入 30mL 蒸馏水使之溶解，再各加入 15mL $3mol \cdot L^{-1}$ H_2SO_4 溶液，然后将锥形瓶置于水浴上加热至 75~85℃（刚好冒蒸气），趁热用待标定的 $KMnO_4$ 溶液滴定至溶液呈微红色并保持 30s 不褪色即为终点。平行滴定 3 份，根据滴定消耗的 $KMnO_4$ 溶液的体积和 $Na_2C_2O_4$ 的量，计 $KMnO_4$ 溶液的浓度（$KMnO_4$ 标准溶液久置后需重新标定）。

3. H_2O_2 含量的测定

用移液管移取 10.00mL $30g \cdot L^{-1}$ H_2O_2 试样于 250mL 容量瓶中，加蒸馏水稀释至刻度，摇匀。移取 25.00mL 该稀溶液 3 份，分别置于 250mL 锥形瓶中，各加 30mL 蒸馏水和 30mL $3mol \cdot L^{-1}$ H_2SO_4 溶液，然后用已标定的 $KMnO_4$ 标准溶液滴至溶液呈微红色并在 30s 内不消失，即为终点。如此平行滴定 3 份，根据 $KMnO_4$ 标准溶液的浓度和滴定消耗的体积计算 H_2O_2 试样的质量浓度。

五、实验数据记录

表 1　$KMnO_4$ 溶液的标定

编号	1	2	3
$m(Na_2C_2O_4)/g$			
$V(KMnO_4)/mL$			
$c(KMnO_4)/mol \cdot L^{-1}$			
$c(KMnO_4)$ 平均值$/mol \cdot L^{-1}$			
相对偏差/%			
相对平均偏差/%			

表 2　$KMnO_4$ 溶液滴定 H_2O_2

编号	1	2	3
$V(H_2O_2)$/mL			
$V(KMnO_4)$/mL			
$\rho(H_2O_2)$/g·L^{-1}			
$\rho(H_2O_2)$平均值/g·L^{-1}			
相对偏差/%			
相对平均偏差/%			

说明：

1. 蒸馏水中常含有少量的还原性物质，使 $KMnO_4$ 还原为 $MnO_2·nH_2O$。它能加速 $KMnO_4$ 的分解，故通常将 $KMnO_4$ 溶液煮沸一段时间，放置 2～3 天，使之充分作用，然后将沉淀物过滤除去。

2. 在室温条件下，$KMnO_4$ 与 $C_2O_4^{2-}$ 之间的反应速率缓慢，故加热提高反应速率，但温度不能太高，若超过 85℃ 则有部分 $H_2C_2O_4$ 分解，反应式如下：$H_2C_2O_4 \Longrightarrow CO_2\uparrow + CO\uparrow + H_2O$

3. H_2O_2 纯品为无色透明液体，相对密度 1.463，熔点 −0.43℃，沸点 152℃，能与水任意混溶。H_2O_2 不稳定，遇微量杂质就会迅速分解，保存过程中亦能自行分解。其工业产品又称双氧水，一般为 30% 或 3% 的水溶液，由于 H_2O_2 不稳定，常加入少量的乙酰苯胺等有机物质作稳定剂，此类有机物也消耗 $KMnO_4$，如果用本实验中的方法测定将产生较大误差，遇此情况应采用碘量法或铈量法进行测定。反应式为：

$$H_2O_2 + 2H^+ + 2I^- \Longrightarrow 2H_2O + 2I_2$$
$$I_2 + 2S_2O_3^{2-} \Longrightarrow S_4O_6^{2-} + 2I^-$$

4. 移取 H_2O_2 时要小心，严防触及皮肤，以免烧伤。

六、思考题

1. 配制 $KMnO_4$ 溶液应注意些什么？用基准物质 $Na_2C_2O_4$ 标定 $KMnO_4$ 时，应在什么条件下进行？

2. 用 $KMnO_4$ 法测定 H_2O_2 含量时，能否用 HNO_3 溶液、HCl 溶液或 HAc 溶液来调节溶液酸度？为什么？

3. 用 $KMnO_4$ 法测定 H_2O_2 含量时，能否在加热条件下滴定？为什么？

实验二　化学需氧量的测定

一、实验目的

1. 初步了解环境分析的重要性及水样的采集和保存方法。
2. 掌握酸性高锰酸钾法测定化学需氧量的原理及方法。
3. 了解水样的化学需氧量与水体污染的关系。

二、实验原理

水样的需氧量是水质污染程度的主要指标之一，它分为生物需氧量（简称 BOD）和化学需氧量（简称 COD）两种。BOD 是指水中有机物质发生生物过程时所需要氧的量；COD 是指在特定条件下，用强氧化剂处理水样时，水样所消耗的氧化剂的量。常用每升水消耗 O_2 的量来表示（$mg \cdot L^{-1}$）。水样的化学需氧量与测试条件有关，因此应严格控制反应条件，按规定的操作步骤进行测定。

测定化学需氧量的方法有重铬酸钾法、酸性高锰酸钾法和碱性高锰酸钾法。重铬酸钾法是指在强酸性条件下，向水样中加入过量的 $K_2Cr_2O_7$，让其与水样中的还原性物质充分反应，剩余的 $K_2Cr_2O_7$ 以邻二氮菲为指示剂，用硫酸亚铁铵标准溶液返滴定。根据消耗的 $K_2Cr_2O_7$ 溶液的体积和浓度，计算水样的需氧量。氯离子干扰测定，可在回流前加硫酸银除去。该法适用于工业污水及生活污水等含有较多复杂污染物的水样的测定。其滴定反应式为：

$$K_2Cr_2O_7 + 6Fe^{2+} + 14H^+ = 2Cr^{3+} + 6Fe^{3+} + 2K^+ + 7H_2O$$

酸性高锰酸钾法测定水样的化学需氧量是指在酸性条件下，向水样中加入过量的 $KMnO_4$ 溶液，并加热溶液让其充分反应，然后再向溶液中加入过量的 $Na_2C_2O_4$ 标准溶液还原多余的 $KMnO_4$，剩余的 $Na_2C_2O_4$ 再用 $KMnO_4$ 溶液返滴定。根据 $KMnO_4$ 的浓度和水样所消耗的 $KMnO_4$ 溶液体积，计算水样的需氧量。该法适用于污染不十分严重的地面水和河水等的化学需氧量的测定。若水样中 Cl^- 含量较高，可加入 Ag_2SO_4 消除干扰，也可改用碱性高锰酸钾法进行测定。有关反应为：

$$4MnO_4^- + 5C + 12H^+ = 4Mn^{2+} + 5CO_2 \uparrow + 6H_2O$$

$$2MnO_4^- + 5C_2O_4^{2-} + 16H^+ = 2Mn^{2+} + 10CO_2 \uparrow + 8H_2O$$

这里，C 泛指水中的还原性物质或需氧物质，主要为有机物。根据反应的计量关系，可知需氧量的计算式为：

$$COD = \frac{\left[\frac{5}{4}c_{MnO_4^-}(V_1+V_2)_{MnO_4^-} - \frac{1}{2}(cV)_{C_2O_4^{2-}}\right]M_{O_2}}{V_{水}}$$

式中，V_1 表示第一次加入 $KMnO_4$ 溶液的体积，mL；V_2 表示第二次加入 $KMnO_4$ 溶液的体积，mL。

三、主要试剂和仪器

1. $KMnO_4$ 溶液（$0.02 mol \cdot L^{-1}$） 配制及标定方法见实验一。

2. $KMnO_4$ 溶液（约 $0.002 mol \cdot L^{-1}$） 移取 25.00mL 约 $0.02 mol \cdot L^{-1}$ $KMnO_4$ 标准溶液于 250mL 容量瓶中，加蒸馏水稀释至刻度，摇匀即可。

3. $Na_2C_2O_4$ 标准溶液（约 $0.005 mol \cdot L^{-1}$） 准确称取 0.16～0.18g 在 105℃烘干 2h 并冷却的 $Na_2C_2O_4$ 基准物质，置于小烧杯中，用适量蒸馏水溶解后，定量转移至 250mL 容量瓶中，加蒸馏水稀释至刻度，摇匀。按实际称取质量计算其准确浓度。

4. H_2SO_4 溶液（$6 mol \cdot L^{-1}$）

5. 玻璃仪器　烧杯（1000mL）、移液管（25mL）、酸式滴定管（50mL）、锥形瓶（250mL）。

四、实验步骤

视水质污染程度取水样 10~100mL 于 250mL 锥形瓶中，加入 5mL 6mol·L^{-1} H$_2$SO$_4$ 溶液，再用滴定管或移液管准确加入 10.00mL 0.002mol·L^{-1} KMnO$_4$ 标准溶液，然后尽快加热溶液至沸，并准确煮沸 10min（紫红色不应褪去，否则应增加 KMnO$_4$ 溶液的体积）。取下锥形瓶，冷却 1min 后，准确加入 10.00mL 0.005mol·L^{-1} Na$_2$C$_2$O$_4$ 标准溶液，充分摇匀（此时溶液应为无色，否则应增加 Na$_2$C$_2$O$_4$ 的用量）。趁热用 0.002mol·L^{-1} KMnO$_4$ 标准溶液滴定至溶液呈微红色，记下 KMnO$_4$ 溶液的体积，如此平行滴定 3 份。

另取 100mL 蒸馏水代替水样进行实验，同样操作，求空白值，计算需氧量时将空白值减去。

五、实验数据记录

表 1　KMnO$_4$ 溶液的标定

编号	1	2	3
m(Na$_2$C$_2$O$_4$)/g			
V(KMnO$_4$)/mL			
c(KMnO$_4$)/mol·L^{-1}			
c(KMnO$_4$)平均值/mol·L^{-1}			
相对偏差/%			
相对平均偏差/%			

表 2　COD 的滴定

编号	1	2	3
V(水样)/mL			
V_1(KMnO$_4$)/mL			
V(Na$_2$C$_2$O$_4$)/mL			
V_2(KMnO$_4$)/mL			
COD 平均值/mg·L^{-1}			
空白值/mg·L^{-1}			
校正后的 COD/mg·L^{-1}			
相对偏差/%			
相对平均偏差/%			

说明：

1. 对于污染程度较高的水样，采用高锰酸钾法测定 COD 结果不够满意，因为这些水中含有许多复杂的有机物，用 KMnO$_4$ 很难氧化完全，且反应条件较难控制。因此测定污染严重的水应选用重铬酸钾法，K$_2$Cr$_2$O$_7$ 能将大部分的有机物氧化完全（虽然对直链脂肪族和芳香族有机化合物的氧化效果较差，但可通过加入硫酸银作催化剂而提高氧化能力），适用于各种水样中COD的测定。重铬酸钾法测定COD最低检出含量为$50\text{mg} \cdot \text{L}^{-1}$，测定上限为$400\text{mg} \cdot \text{L}^{-1}$。该法主要缺点是$Cr^{6+}$、$Cr^{3+}$具有污染性。

2. 需氧量的多少不能完全表示水被有机物污染的程度，因此不能单纯地用需氧量数值来确定水源污染的程度，还应结合水的色度、有机氮或蛋白质氮等来判断。

3. 水样采集后，应加入H_2SO_4使pH<2，以控制微生物繁殖。试样尽快分析，必要时在0~5℃保存。应在48h内测定。取水样的量由外观可初步判断，洁净透明的水样取100mL，污染严重、浑浊的水样取10~30mL，补加蒸馏水至100mL。

六、思考题

1. 水样的采集及保存应当注意哪些事项？
2. 水样中加入$KMnO_4$溶液煮沸后，若紫红色褪去，说明什么？
3. 水样中氯离子的含量高时，为什么对测定有干扰？如何清除？
4. 水样的化学需氧量的测定有何意义？有哪些方法测定COD？

实验三　铁矿石中全铁含量的测定

重铬酸钾-甲基橙法

一、实验目的

1. 学习$K_2Cr_2O_7$法测定铁矿中铁的原理和方法。
2. 了解无汞定铁法，增强环保意识。
3. 熟悉二苯胺磺酸钠指示剂的作用原理。

二、实验原理

铁矿石的种类很多，用于炼铁的主要有磁铁矿（Fe_3O_4）、赤铁矿（Fe_2O_3）和菱铁矿（$FeCO_3$）等，铁矿石试样经HCl溶液溶解后，其中的铁转化为Fe^{3+}，在强酸性条件下，Fe^{3+}可通过$SnCl_2$还原为Fe^{2+}。Sn^{2+}将Fe^{3+}还原完后，甲基橙也可被Sn^{2+}还原成氢化甲基橙而褪色，因而甲基橙可指示Fe^{3+}还原终点。Sn^{2+}还能继续使氢化甲基橙还原成N,N-二甲基对苯二胺和对氨基苯磺酸钠。有关反应式为：

$$(CH_3)_2NC_6H_4N = NC_6H_4SO_3Na + 2e^- + 2H^+$$
$$\longrightarrow (CH_3)_2NC_6H_4NH-NHC_6H_4SO_3Na$$

$$(CH_3)_2NC_6H_4NH-NHC_6H_4SO_3Na + 2e^- + 2H^+$$
$$\longrightarrow (CH_3)_2NC_6H_4NH_2 + NH_2C_6H_4SO_3Na$$

这样一来，略过量的Sn^{2+}也被消除。由于这些反应是不可逆的，因此甲基橙的还原产物不消耗$K_2Cr_2O_7$。

反应在HCl介质中进行，还原Fe^{3+}时HCl浓度以$4\text{mol} \cdot \text{L}^{-1}$左右为好，大约$6\text{mol} \cdot \text{L}^{-1}$时$Sn^{2+}$则先还原甲基橙为无色，使其无法指示$Fe^{3+}$的还原，同时$Cl^-$浓度过高也可能消耗

$K_2Cr_2O_7$；HCl 浓度低于 2mol·L^{-1} 则甲基橙褪色缓慢。反应完后，以二苯胺磺酸钠为指示剂，用 $K_2Cr_2O_7$ 标准溶液滴定至溶液呈紫色即为终点，主要反应式为：

$$2FeCl_4^- + SnCl_4^{2-} + 2Cl^- \rightleftharpoons 2FeCl_4^{2-} + SnCl_6^-$$

$$6Fe^{2+} + Cr_2O_7^{2-} + 14H^+ \rightleftharpoons 6Fe^{3+} + 2Cr^{3+} + 7H_2O$$

滴定过程中生成的 Fe^{3+} 呈黄色，影响终点的观察，若在溶液中加入 H_3PO_4，H_3PO_4 与 Fe^{3+} 生成无色的 $Fe(HPO_4)_2^-$，可掩蔽 Fe^{3+}，同时由于 $Fe(HPO_4)_2^-$ 的生成，使得 Fe^{3+}/Fe^{2+} 电对的条件电位降低，滴定突跃增大，指示剂可在突跃范围内变色，从而减少滴定误差。Cu^{2+}、As^{5+}、Ti^{4+}、Mo^{6+} 等离子存在时，可被 $SnCl_2$ 还原，同时又能被 $K_2Cr_2O_7$ 氧化，Sb^{5+} 和 Sb^{3+} 也干扰铁的测定。

三、主要试剂和仪器

1. $SnCl_2$ 溶液（100g·L^{-1}） 称取 10g $SnCl_2·2H_2O$ 溶于 40mL 浓热 HCl 溶液中，加蒸馏水稀释至 100mL。

2. $SnCl_2$ 溶液（50g·L^{-1}） 将 100g·L^{-1} 的 $SnCl_2$ 溶液稀释 1 倍。

3. 浓 HCl 溶液

4. 硫磷混酸 将 15mL 浓硫酸缓缓加入 70mL 蒸馏水中，冷却后加入 15mL H_3PO_4 混匀。

5. 甲基橙水溶液（1g·L^{-1}）

6. 二苯胺磺酸钠水溶液（2g·L^{-1}）

7. $K_2Cr_2O_7$ 标准溶液 将 $K_2Cr_2O_7$ 在 150~180℃ 干燥 2h，保存在干燥器中冷却至室温，准确称取 0.6~0.7g $K_2Cr_2O_7$ 于 100mL 烧杯中用蒸馏水溶解后定量转移至 250mL 容量瓶中，定容后摇匀，计算其浓度。

8. 玻璃仪器 烧杯（250mL）、移液管（25mL）、酸式滴定管（50mL）、锥形瓶（250mL）、容量瓶（250mL）。

四、实验步骤

准确称取铁矿石粉 1.0~1.5g 于 250mL 烧杯中，用少量蒸馏水润湿后，加 20mL 浓 HCl 溶液，盖上表面皿，在沙浴上加热 20~30min，并不时摇动，避免沸腾。如有带色不溶残渣，可滴加 100g·L^{-1} $SnCl_2$ 溶液 20~30 滴助溶，试样分解完全时，剩余残渣应为白色或非常接近白色（即 SiO_2），此时可用少量蒸馏水吹洗表面皿及杯壁，冷却后将溶液转移到 250mL 容量瓶中，加蒸馏水稀释至刻度，摇匀。

移取试样溶液 25.00mL 于 250mL 锥形瓶中，加 8mL 浓 HCl 溶液，加热至接近沸腾，加入 6 滴 1g·L^{-1} 甲基橙，边摇动锥形瓶边慢慢滴加 100g·L^{-1} $SnCl_2$ 溶液还原 Fe^{3+}，溶液由橙红色变为红色。再慢慢滴加 50g·L^{-1} $SnCl_2$ 溶液至溶液变为淡红色，若摇动后粉色褪去，说明 $SnCl_2$ 已过量，可补加 1 滴 1g·L^{-1} 甲基橙，以除去稍微过量的 $SnCl_2$，此时溶液如呈浅粉色最好，不影响滴定终点，$SnCl_2$ 切不可过量。然后，迅速用流水冷却，加 50mL 蒸馏水、20mL 硫磷混酸、4 滴 2g·L^{-1} 二苯胺磺酸钠。并立即用上述 $K_2Cr_2O_7$ 标准溶液滴定至出现稳定的紫红色。平行测定 3 次，计算试样中 Fe 的含量。

五、实验数据记录表格

表1 铁矿石中全铁含量

编号	1	2	3
m(铁矿石)/g			
V(铁矿石)/mL			
$c(K_2Cr_2O_7)$/mol·L^{-1}			
$V(K_2Cr_2O_7)$/mL			
w(Fe)/%			
w(Fe)平均值/%			
相对偏差/%			
相对平均偏差/%			

说明：

1. 还原后的 Fe^{2+} 极易被氧化，因此还原反应完成后应立即滴定，放置久了会使测定结果偏低。

2. 还原试样中 Fe^{3+} 的方法还有以 $SnCl_2$-$TiCl_3$ 为还原剂，Na_2WO_4 为指示剂，或以 $SnCl_2$ 为还原剂，$HgCl_2$ 为指示剂法，这两种方法均列为国家标准，具体采用哪种方法，根据需要而定。

六、思考题

1. $K_2Cr_2O_7$ 为什么可以直接配制准确浓度的溶液？

2. $K_2Cr_2O_7$ 法测定铁矿石中的铁时，滴定前为什么要加入 H_3PO_4？加入 H_3PO_4 后为何要立即滴定？

3. 用 $SnCl_2$ 还原 Fe^{3+} 时，为何要在加热条件下进行？加入的 $SnCl_2$ 量不足或过量会给测试结果带来什么影响？

4. 本实验中甲基橙起什么作用？

重铬酸钾-氯化亚锡-三氯化钛法

一、实验目的

1. 掌握无汞测定铁矿石中铁含量的基本原理和操作方法。
2. 学习矿样的分解、试液的预处理及滴定、试剂空白的测定等操作方法。

二、实验原理

铁矿种类很多，主要有磁铁矿（Fe_3O_4）、赤铁矿（Fe_2O_3）和菱铁矿（$FeCO_3$）等。铁矿石中铁含量的测定主要采用重铬酸钾法，经典的重铬酸钾法需用剧毒物质氯化汞，对环境造成污染。为了避免汞盐的污染，近年来研究出多种无汞测铁法。

本实验选择用盐酸即可将铁分解完全的赤铁矿为试样，采用改进的重铬酸钾法测定铁的含量，即以氯化亚锡（$SnCl_2$）-三氯化钛（$TiCl_3$）为还原剂，Na_2WO_4 为指示剂。方法的原理如下：矿样先用盐酸分解，反应式为：

$$Fe_2O_3 + 6H^+ + 8Cl^- \longrightarrow 2FeCl_4^- + 3H_2O$$

矿样分解后，先用 $SnCl_2$ 还原大部分的 Fe^{3+}，试液由红棕色变为浅黄色。反应式为：

$$2FeCl_4^- + SnCl_4^{2-} + 2Cl^- \longrightarrow 2FeCl_4^{2-} + SnCl_6^{2-}$$

反应在热的浓 HCl 溶液中进行，温度以 80~90℃ 为宜。温度过高，会引起 $FeCl_4^{2-}$ 挥发，导致结果偏低。

再以 Na_2WO_4 为指示剂，用 $TiCl_3$ 将剩余的 Fe^{3+} 全部还原为 Fe^{2+}，过量的 $TiCl_3$ 将 Na_2WO_4 还原为蓝色的五价钨的化合物（又称"钨蓝"），使溶液呈蓝色。然后滴加 $K_2Cr_2O_7$ 溶液，将过量的 $TiCl_3$ 氧化，使"钨蓝"刚好消失。随后以二苯胺磺酸钠为指示剂，在硫磷混酸（H_2SO_4-H_3PO_4）介质中用 $K_2Cr_2O_7$ 标准溶液滴定试液中的 Fe^{2+}，溶液呈现稳定的紫色即为终点。主要的反应式如下：

$$FeCl_4^- + Ti^{3+} + H_2O \Longrightarrow FeCl_4^{2-} + TiO^{2+} + 2H^+$$

$$6Fe^{2+} + Cr_2O_7^{2-} + 14H^+ \Longrightarrow 6Fe^{3+} + 2Cr^{3+} + 7H_2O$$

三、试剂与仪器

1. $K_2Cr_2O_7$ 标准溶液　将 $K_2Cr_2O_7$ 在 150~180℃ 干燥 2h，保存在干燥器中冷却至室温，准确称取 0.6~0.7g $K_2Cr_2O_7$ 于 100mL 烧杯中用蒸馏水溶解后定量转移至 250mL 容量瓶中，定容后摇匀，计算其浓度。

2. HCl 溶液（$6mol \cdot L^{-1}$）

3. $SnCl_2$ 溶液（10%）　称取 10g $SnCl_2 \cdot H_2O$ 溶于 50mL 浓 HCl 中，加热至沸后用水稀释至 100mL。

4. Na_2WO_4 溶液（20%）　称取 20g Na_2WO_4 溶于适量水中（若浑浊则应过滤），加入 10mL 浓 H_3PO_4，用水稀释至 100mL。

5. $TiCl_3$ 溶液（1.5%）　量取 10mL $TiCl_3$ 试剂（15%~20%），用 HCl（1:8）溶液稀释至 100mL，转入棕色细口瓶中，加入 10 粒无砷锌粒放置过夜。

6. 硫磷混酸　在搅拌下将 200mL 浓 H_2SO_4 缓缓加入 500mL 水中，冷却后再加 300mL 浓 H_3PO_4 混匀。

7. 二苯胺磺酸钠指示剂（0.5%水溶液，存放于棕色小滴瓶中）

8. 玻璃仪器　烧杯（250mL）、移液管（25mL）、酸式滴定管（50mL）、锥形瓶（250mL）、容量瓶（250mL）。

四、实验步骤

1. 试样的分解

准确称取约 0.2g 铁矿试样，置于 250mL 锥形瓶中，滴加几滴水润湿试样，加入 20mL HCl，盖上表面皿，低温加热至近沸腾。铁矿分解后呈红棕色，此时应滴加 $SnCl_2$ 溶液使试液变为浅黄色，大部分铁矿溶解后，缓缓煮沸 2min，以使铁矿完全分解（即残渣中无黑色颗粒）。如果溶液黄色太深，应再加入少许 $SnCl_2$ 溶液使之变为浅黄色。

2. 试样的滴定

用洗瓶冲洗表面皿及瓶壁,再加入 50mL 水及 4 滴 Na_2WO_4 溶液,在摇动下滴加 $TiCl_3$ 溶液至出现稳定的浅蓝色(30s 内不褪色),过量 2 滴。待铁矿试样溶液冷却至室温,小心滴加 $K_2Cr_2O_7$ 标准溶液至蓝色刚刚消失(呈浅绿色或近于无色),再加入 50mL 水、10mL 硫磷混酸及 2~3 滴二苯胺磺酸钠指示剂,立即用 $K_2Cr_2O_7$ 标准溶液滴定至呈现紫红色即为终点,平行测定三次。

3. 空白试验

进行试样测定的同时做空白试验,所用试剂应与测定时完全一致($SnCl_2$ 溶液),步骤基本相同,只是在加入硫磷混酸之前加入 5.00mL 硫酸亚铁铵溶液,滴定所消耗 $K_2Cr_2O_7$ 标准溶液的体积记为 V_A,随即再加入 5.00mL 硫酸亚铁铵溶液,立即滴定,所消耗 $K_2Cr_2O_7$ 标准溶液的体积记为 V_B。$V_A - V_B$ 即为空白值 V_0。

从滴定矿样所耗 $K_2Cr_2O_7$ 标准溶液的体积中减去试剂空白值 V_0,计算出铁矿试样中铁的含量(%)。平行测定三次结果的极差应不大于 0.20%。

五、实验数据记录

表1　铁矿石中全铁含量

编号	1	2	3
m(铁矿石)/g			
V(铁矿石)/mL			
$c(K_2Cr_2O_7)$/mol·L^{-1}			
$V(K_2Cr_2O_7)$/mL			
V_0/mL			
w(Fe)/%			
w(Fe)平均值/%			
相对偏差/%			
相对平均偏差/%			

说明:

1. 铁矿种类很多,其组成亦都有差异,多数的铁矿只用酸溶是不能分解完全的,通常的做法是:先用 HCl 溶解,过滤后将残渣于铂坩埚中进行灰化、灼烧,然后加硫酸和氢氟酸分解硅酸盐。蒸干后再加 $K_2Cr_2O_7$ 熔融,冷却后用稀盐酸浸取,连同酸溶试液一起进行滴定。在实际工作中,测定试样的同时还要做校正实验,即随同试样分析同类型的铁矿标准试样。标样的分析结果如果超过规定的允差(铁含量≤50%,允差 0.14%;铁含量>50%,允差 0.21%),则试样的分析结果无效,需重新进行分析。本实验选取了可被 HCl 分解完全的磁铁矿作为试样,而且酸不溶物是极少量的白色游离 $SiO_2 \cdot nH_2O$ 或 $H_2SiO_3 \cdot nH_2O$,便于观察是否溶解完全。

2. 还原后的 Fe^{2+} 在磷酸介质中极易被氧化,因此在"钨蓝"褪色 1min 内应立即滴定,放置太久测定结果将偏低。如放置 5min 则偏低 0.4%。

3. 定量还原 Fe^{3+} 时,不能单用 $SnCl_2$,因为在此酸度下 $SnCl_2$ 不能很好地还原 W^{6+} 为

W^{5+}，故溶液无明显的颜色变化。采用 $SnCl_2$-$TiCl_3$ 联合还原 Fe^{3+} 为 Fe^{2+}，过量 1 滴 $TiCl_3$ 与 Na_2WO_4 作用即显示"钨蓝"。如果单用 $TiCl_3$ 为还原剂也不好，尤其是试样中铁含量高时，溶液中引入较多的钛盐，当加水稀释试液时，易出现大量四价钛盐沉淀，影响测定。

4."钨蓝"是钨的低价氧化物，是很不稳定的，有时水中的溶解氧未除尽，加入水后"钨蓝"就会立即被氧化而消失，或加入水后放置一下"钨蓝"就消失。因此最好使用煮沸除去氧的水。

六、思考题

1. 如果将三份平行测定的试样都处理完再进行测定，应处理到哪一步？
2. 做空白试验时为什么要加亚铁溶液？
3. 如何正确配制 $SnCl_2$ 溶液？如果久置，应如何处置？

实验四　铜盐中铜含量的测定

一、实验目的

1. 掌握 $Na_2S_2O_3$ 溶液的配制及标定方法。
2. 掌握间接碘量法测定铜的原理。
3. 学习铜合金试样的分解方法。

二、实验原理

在弱酸性溶液中（pH＝3～4），Cu^{2+} 与过量的 KI 作用，生成 CuI 沉淀和 I_2，析出的 I_2 可以淀粉为指示剂，用 $Na_2S_2O_3$ 标准溶液滴定。有关反应为：

$$2Cu^{2+}+4I^- = 2CuI\downarrow+I_2$$
$$或 \quad 2Cu^{2+}+5I^- = 2CuI\downarrow+I_3^-$$
$$I_2+2S_2O_3^{2-} = 2I^-+S_4O_6^{2-}$$

Cu^{2+} 与 I^- 之间的反应是可逆的，任何引起 Cu^{2+} 浓度减小（如形成络合物等）、引起 CuI 溶解度增大的因素均使反应不完全，加入过量 KI 可使 Cu^{2+} 的还原趋于完全。但是，CuI 沉淀强烈吸附 I_3^- 又会使结果偏低，通常的办法是在近终点时加入硫氰酸盐，将 CuI（$K_{sp}^{\ominus}=1.1\times10^{-12}$）转化为溶解度更小的 CuSCN 沉淀（$K_{sp}^{\ominus}=4.8\times10^{-13}$）。在沉淀的转化过程中，吸附的 I_3^- 被释放出来，从而被 $Na_2S_2O_3$ 溶液滴定，使分析结果的准确度得到提高。

硫氰酸盐应在接近终点时加入，否则 SCN^- 会还原大量存在的 I_2，致使测定结果偏低。溶液的 pH 值应控制在 3.0～4.0。酸度过低，Cu^{2+} 易水解，使反应不完全，结果偏低，而且反应速率慢，终点拖长；酸度过高，则 I^- 被空气中的氧氧化为 I_2（Cu^{2+} 催化此反应），使结果偏高。

Fe^{3+} 能氧化 I^-，对测定有干扰，可加入 NH_4HF_2 掩蔽。NH_4HF_2（即 $NH_4F\cdot HF$）是一种很好的缓冲溶液，因 HF 的 $K_a^{\ominus}=6.6\times10^{-4}$，故能使溶液的 pH 值保持在 3.0～4.0。

三、主要试剂和仪器

1. KI 溶液（200g·L^{-1}）
2. Na$_2$S$_2$O$_3$ 溶液（0.1mol·L^{-1}） 称取 25g Na$_2$S$_2$O$_3$·5H$_2$O 于烧杯中，加入 300～500mL 新煮沸并冷却的蒸馏水，溶解后，加入约 0.1g Na$_2$CO$_3$，用新煮沸且冷却的蒸馏水稀释至 1L，贮存于棕色试剂瓶中，在暗处放置 3～5 天后标定。
3. 淀粉溶液（5g·L^{-1}） 称取 5g 可溶性淀粉，加少量的蒸馏水，搅匀，再加入 100mL 沸腾蒸馏水，搅匀。若需放置，可加入少量 HgI$_2$ 或 H$_3$BO$_3$ 作防腐剂。
4. NH$_4$SCN 溶液（1mol·L^{-1}）
5. H$_2$O$_2$（30%，原装）
6. Na$_2$CO$_3$（固体）
7. 纯铜（>99.9%）
8. K$_2$Cr$_2$O$_7$ 标准溶液（0.01667mol·L^{-1}） 配制方法参见本章实验三。
9. KIO$_3$ 基准物质
10. H$_2$SO$_4$ 溶液（1mol·L^{-1}）
11. HCl 溶液（6mol·L^{-1}）
12. NH$_4$HF$_2$ 缓冲溶液（200g·L^{-1}）
13. HAc 溶液（7mol·L^{-1}）
14. 氨水（7mol·L^{-1}）
15. CuSO$_4$·5H$_2$O 试样
16. 玻璃仪器 烧杯（250mL）、移液管（25mL）、碱式滴定管（50mL）、锥形瓶（250mL）、容量瓶（250mL）。

四、实验步骤

1. Na$_2$S$_2$O$_3$ 溶液的标定

（1）用 K$_2$Cr$_2$O$_7$ 标准溶液标定 准确移取 25.00mL 0.01667mol·L^{-1} K$_2$Cr$_2$O$_7$ 标准溶液于锥形瓶中，加入 5mL 6mol·L^{-1} HCl 溶液、5mL 200g·L^{-1} KI 溶液，摇匀，在暗处放置 5min 后（让其反应完全），加入 50mL 蒸馏水，用待标定的 Na$_2$S$_2$O$_3$ 溶液滴定至淡黄色，然后加入 3mL 5g·L^{-1} 淀粉指示剂，继续滴定至溶液呈现亮绿色即为终点。平行滴定 3 份，计算 Na$_2$S$_2$O$_3$ 溶液浓度。

（2）用纯铜标定 准确称取 0.2g 左右纯铜，置于 250mL 烧杯中，加入约 10mL 6mol·L^{-1} HCl 溶液，在摇动条件下逐滴加入 2～3mL 30% H$_2$O$_2$（H$_2$O$_2$ 不应过量太多），至金属铜分解完全。加热，将多余的 H$_2$O$_2$ 分解除尽，然后定量转入 250mL 容量瓶中，加蒸馏水稀释至刻度线，摇匀。

准确移取 25.00mL 纯铜溶液于 250mL 锥形瓶中，滴加 7mol·L^{-1} 氨水至刚好产生沉淀，然后加入 8mL 7mol·L^{-1} HAc 溶液、10mL 200g·L^{-1} NH$_4$HF$_2$ 溶液、10mL 200g·L^{-1} KI 溶液，用 0.1mol·L^{-1} Na$_2$S$_2$O$_3$ 溶液滴定至淡黄色，再加入 3mL 5g·L^{-1} 淀粉溶液，继续滴定至浅蓝色。再加入 10mL 1mol·L^{-1} NH$_4$SCN 溶液，继续滴定至溶液的蓝色消失即为终点，记下所消耗的 Na$_2$S$_2$O$_3$ 溶液的体积，计算 Na$_2$S$_2$O$_3$ 溶液的浓度。

(3) 用 KIO_3 基准物质标定　准确称取 0.8917g KIO_3 基准物质于烧杯中，加蒸馏水溶解后，定量转入 250mL 容量瓶中加蒸馏水稀释至刻度，充分摇匀。吸取 25.00mL KIO_3 标准溶液 3 份，分别置于 3 个 250mL 锥形瓶中，各加入 10mL 200g·L^{-1} KI 溶液、5mL 1mol·L^{-1} H_2SO_4 溶液，加蒸馏水稀释至约 100mL，立即用待标定的 $Na_2S_2O_3$ 溶液滴定至浅黄色，然后再加入 3mL 5g·L^{-1} 淀粉溶液，继续滴定至蓝色变为无色即为终点。

2. 铜盐中铜含量的测定

准确称取 0.5～0.6g $CuSO_4·5H_2O$ 试样，置于 250mL 锥形瓶中，加入 5mL 1mol·L^{-1} H_2SO_4 溶液和 100mL 蒸馏水使其溶解，再加入 10mL 200g·L^{-1} KI 溶液，立即用 0.1mol·L^{-1} $Na_2S_2O_3$ 溶液滴定至浅黄色。再加 3mL 5g·L^{-1} 淀粉指示剂，滴定至浅蓝色后，加入 10mL 1mol·L^{-1} NH_4SCN 溶液，继续滴定至蓝色消失。根据滴定所消耗的 $Na_2S_2O_3$ 的体积计算 Cu 的质量分数。

五、实验数据记录

表 1　$Na_2S_2O_3$ 溶液的标定（以 $K_2Cr_2O_7$ 标定为例）

编号	1	2	3
$m(K_2Cr_2O_7)/g$			
$V(K_2Cr_2O_7)/mL$			
$c(K_2Cr_2O_7)/mol·L^{-1}$			
$V(Na_2S_2O_3)/mL$			
$c(Na_2S_2O_3)/mol·L^{-1}$			
$c(Na_2S_2O_3)$ 平均值/$mol·L^{-1}$			
相对偏差/%			
相对平均偏差/%			

表 2　铜盐中铜含量测定

编号	1	2	3
$m(CuSO_4·5H_2O)/g$			
$V(Na_2S_2O_3)/mL$			
$c(Na_2S_2O_3)/mol·L^{-1}$			
$w(Cu)/\%$			
$w(Cu)$ 平均值/%			
相对偏差/%			
相对平均偏差/%			

说明：

1. 用纯铜标定 $Na_2S_2O_3$ 溶液时，所加入的 H_2O_2 一定要赶尽（根据实践经验，开始冒小气泡，然后冒大气泡，表示 H_2O_2 已赶尽），否则无法测准。这是很关键的一步操作。

2. 加淀粉不能太早，因滴定反应中产生大量 CuI 沉淀，若淀粉与 I_2 过早形成蓝色络合物，大量 I_2 被 CuI 沉淀吸附，终点呈较深的灰色，不好观察。淀粉溶液最好能在终点前

0.5mL 时再加入，在滴定第二份溶液时应做到这一点，第一次滴定时应注意观察终点前后溶液颜色的变化。

3. 加入 NH_4SCN 不能过早，而且加入后要剧烈摇动，有利于沉淀的转化和释放出吸附的 I_2。

4. 测定完毕后应马上将锥形瓶中的溶液倒掉，以免 NH_4HF_2 腐蚀锥形瓶。

六、思考题

1. 已知 $E^{\ominus}_{Cu^{2+}/Cu^+}=0.159V$，$E^{\ominus}_{I_3^-/I^-}=0.545V$，为何本实验中 Cu^{2+} 却能将 I^- 氧化为 I_2？

2. 碘量法测定铜为什么要在弱酸性介质中进行？在用 $K_2Cr_2O_7$ 标定 $S_2O_3^{2-}$ 溶液时，先加入 5mL 6mol·L^{-1} HCl 溶液，而用 $Na_2S_2O_3$ 溶液滴定时却要加入蒸馏水稀释，为什么？

3. 本实验为什么要加入 NH_4SCN 溶液？为什么不能过早加入？

实验五　维生素 C 制剂及果蔬中维生素 C 含量的测定

一、实验目的

1. 学习并掌握碘标准溶液的配制和标定方法。
2. 学习直接碘量法测定维生素 C 的原理和方法。

二、实验原理

维生素 C 又称抗坏血酸，分子式为 $C_6H_8O_6$，维生素 C 具有还原性，可被 I_2 定量氧化，因而可用 I_2 标准溶液直接滴定。其滴定反应式为：

$$C_6H_8O_6 + I_2 =\!=\!= C_6H_6O_6 + 2HI$$

用直接碘量法可测定药片、注射液、饮料、蔬菜、水果等中的维生素 C 含量。

由于维生素 C 的还原性很强，较易被溶液和空气中的氧氧化，在碱性介质中这种氧化作用更强，因此滴定宜在酸性介质中进行，以减少副反应的发生。考虑到 I^- 在强酸性溶液中也易被氧化，故一般选在 pH=3~4 的弱酸性溶液中进行滴定。

三、主要试剂和仪器

1. I_2 溶液（约 0.05mol·L^{-1}）　称取 3.2g I_2 和 5g KI 置于研钵中，加少量蒸馏水，在通风橱中研磨。待 I_2 全部溶解后，将溶液转入棕色试剂瓶中，加蒸馏水稀释至 250mL，充分摇匀，放暗处保存。

2. $Na_2S_2O_3$ 标准溶液（约 0.01mol·L^{-1}）　标定方法同本章实验四。

3. 淀粉溶液（2g·L^{-1}）

4. HAc 溶液（2mol·L^{-1}）

5. 固体维生素 C 试样（维生素 C 片剂）

6. $K_2Cr_2O_7$ 标准溶液（约 $0.020 mol \cdot L^{-1}$）

7. KIO_3 标准溶液（约 $0.002 mol \cdot L^{-1}$）

8. 果蔬试样（如西红柿、橙子、草莓等）

9. KI 溶液（约 $200 g \cdot L^{-1}$）

10. 玻璃仪器　烧杯（250mL）、移液管（25mL）、酸式滴定管（50mL）、锥形瓶（250mL）、容量瓶（250mL）。

四、实验步骤

1. 用 $Na_2S_2O_3$ 标准溶液标定 I_2 溶液

用移液管移取 25.00mL $0.01 mol \cdot L^{-1}$ $Na_2S_2O_3$ 标准溶液于 250mL 锥形瓶中，加入 50mL 蒸馏水、3mL $2g \cdot L^{-1}$ 淀粉溶液，然后用待标定的 I_2 溶液滴定至溶液呈浅蓝色，30s 内不褪色即为终点。平行标定 3 份，计算 I_2 溶液的浓度。

2. 维生素 C 片剂中维生素 C 含量的测定

准确称取约 0.2g 研碎了的维生素 C 药片，置于 250mL 锥形瓶中，加入 100mL 新煮沸过并冷却的蒸馏水、10mL $2 mol \cdot L^{-1}$ HAc 溶液和 3mL $2g \cdot L^{-1}$ 淀粉溶液，立即用 I_2 标准溶液滴定至出现稳定的浅蓝色，且在 30s 内不褪色即为终点，记下消耗的 I_2 溶液体积。平行滴定 3 份，计算试样中抗坏血酸的质量分数。

3. 果蔬试样中维生素 C 含量的测定

准确称取约 50g 左右捣碎了的果蔬试样（如草莓，用绞碎机打成糊状），用 100mL 干燥小烧杯将其转入 250mL 锥形瓶中，用蒸馏水冲洗小烧杯 1～2 次。向锥形瓶中加入 10mL $2 mol \cdot L^{-1}$ HAc 溶液和 3mL $2g \cdot L^{-1}$ 淀粉溶液，然后用 I_2 标准溶液滴定至试液由红色变为蓝紫色即为终点，计算维生素 C 的含量。

五、实验数据记录

表 1　I_2 溶液的标定

编号	1	2	3
$c(Na_2S_2O_3)/mol \cdot L^{-1}$			
$V(Na_2S_2O_3)/mL$			
$V(I_2)/mL$			
$c(I_2)/mol \cdot L^{-1}$			
$c(I_2)$ 平均值 $/mol \cdot L^{-1}$			
相对偏差/%			
相对平均偏差/%			

表 2　维生素 C 片剂中维生素 C 含量的测定

编号	1	2	3
m(试样)/g			
$V(I_2)/mL$			

编号	1	2	3
维生素 C 含量/mg·(100g)$^{-1}$			
维生素 C 含量平均值/mg·(100g)$^{-1}$			
相对偏差/%			
相对平均偏差/%			

表 3　果蔬试样中维生素 C 含量的测定

编号	1	2	3
m(试样)/g			
$V(I_2)$/mL			
维生素 C 含量/mg·(100g)$^{-1}$			
维生素 C 含量平均值/mg·(100g)$^{-1}$			
相对偏差/%			
相对平均偏差/%			

说明：因为标定 I_2 的基准物质 As_2O_3 为剧毒药品，所以本实验采用 $Na_2S_2O_3$ 标准溶液标定 I_2。

六、思考题

1. 溶解 I_2 时，加入过量 KI 的作用是什么？
2. 维生素 C 固体试样溶解时为何要加入新煮沸并冷却的蒸馏水？
3. 碘量法的误差来源有哪些？应采取哪些措施减小误差？

实验六　补钙制剂中钙含量的测定

一、实验目的

1. 掌握用高锰酸钾法测定钙的原理和方法。
2. 了解沉淀分离的基本要求与操作。

二、实验原理

某些金属离子（例如碱土金属、Pb^{2+}、Cd^{2+} 等）与草酸根能形成难溶的草酸盐沉淀。沉淀经过滤、洗净后，再用稀硫酸溶液将其溶解，然后用 $KMnO_4$ 标准溶液滴定释放出来的 $H_2C_2O_4$，即可间接测定这些金属离子的含量。以 Ca^{2+} 为例，有关反应如下：

$$Ca^{2+} + C_2O_4^{2-} =\!=\!= CaC_2O_4 \downarrow$$

$$CaC_2O_4 + 2H^+ =\!=\!= H_2C_2O_4 + Ca^{2+}$$

$$5H_2C_2O_4 + 2MnO_4^- + 6H^+ =\!=\!= 2Mn^{2+} + 10CO_2\uparrow + 8H_2O$$

用该法测定某些补钙制剂（如葡萄糖酸钙、钙立得、盖天力等）中的钙含量，分析结果与标示量吻合。

三、主要试剂和仪器

1. $KMnO_4$ 标准溶液（$0.020 mol \cdot L^{-1}$） 配制方法见实验一。
2. $(NH_4)_2C_2O_4$ 溶液（$0.05 mol \cdot L^{-1}$）
3. $NH_3 \cdot H_2O$（$7 mol \cdot L^{-1}$）
4. HCl 溶液（$6 mol \cdot L^{-1}$）
5. H_2SO_4 溶液（$1 mol \cdot L^{-1}$）
6. 甲基橙水溶液（$1 g \cdot L^{-1}$）
7. $AgNO_3$ 溶液（$0.1 mol \cdot L^{-1}$）
8. 钙制剂
9. 玻璃仪器 烧杯（100mL）、移液管（25mL）、酸式滴定管（50mL）、锥形瓶（250mL）、容量瓶（250mL）。

四、实验步骤

1. $KMnO_4$ 标准溶液的标定

方法同实验一。

2. 钙含量的测定

准确称取钙制剂 2 份（每份含钙约 0.05g），分别置于 100mL 烧杯中，加入适量蒸馏水及 2~5mL $6 mol \cdot L^{-1}$ HCl 溶液，并轻轻摇动烧杯，用小火加热促使其溶解。稍冷后向溶液中加入 2~3 滴 $1 g \cdot L^{-1}$ 甲基橙，再滴加 $7 mol \cdot L^{-1}$ 氨水至溶液由红色变为黄色，趁热逐滴加入约 50mL $0.05 mol \cdot L^{-1}$ $(NH_4)_2C_2O_4$ 溶液，在低温电热板（或水浴）上陈化 30min 冷却后过滤（先将上层清液倾入漏斗中），将烧杯中的沉淀洗涤数次后转入漏斗中，继续洗涤沉淀至无 Cl^-（承接洗涤液在 HNO_3 介质中以 $AgNO_3$ 检验）。将带有沉淀的滤纸铺在原烧杯的内壁上，用 50mL $1 mol \cdot L^{-1}$ H_2SO_4 溶液将沉淀由滤纸上洗入烧杯中，再用洗瓶洗 2 次，加入蒸馏水使总体积约为 100mL，加热至 70~80℃，用 $0.02 mol \cdot L^{-1}$ $KMnO_4$ 标准溶液滴定至溶液呈淡红色，再将滤纸放入溶液中，若溶液褪色，则继续滴定直至出现的淡红色 30s 内不褪色即为终点。计算钙制剂中钙的质量分数。

五、实验数据记录表格

表 1 $KMnO_4$ 溶液的标定

编号	1	2	3
$m(Na_2C_2O_4)/g$			
$V(KMnO_4)/mL$			
$c(KMnO_4)/mol \cdot L^{-1}$			
$c(KMnO_4)$平均值/$mol \cdot L^{-1}$			
相对偏差/%			
相对平均偏差/%			

表2 钙制剂中钙含量的测定

编号	1	2	3
m(试样)/g			
$V(KMnO_4)$/mL			
w(Ca)/%			
w(Ca)平均值/%			
相对偏差/%			
相对平均偏差/%			

说明：若用均匀测定法分离 CaC_2O_4 沉淀，则在试样分解中加入 50mL 0.05mol·L^{-1} $(NH_4)_2C_2O_4$ 溶液及尿素 $[CO(NH_2)_2]$ 后加热，尿素水解产生的 NH_3 会均匀地中和 H^+，可使 Ca^{2+} 均匀地沉淀为粗大晶形沉淀。

六、思考题

1. 以 $(NH_4)_2C_2O_4$ 沉淀 Ca^{2+} 时，pH 值应控制为多少？为什么？
2. 加入 $(NH_4)_2C_2O_4$ 时，为什么要在热溶液中逐滴加入？
3. 洗涤 $CaCO_3$ 沉淀时，为什么要洗至无 Cl^-？
4. 试比较 $KMnO_4$ 法测定 Ca^{2+} 和络合滴定法测定 Ca^{2+} 的优缺点。

第三章
络合滴定实验

实验一 EDTA溶液的配制及标定

一、实验目的

1. 了解常用金属指示剂、其不同的使用条件及其变色原理。
2. 学习配制和标定 EDTA 标准溶液的方法。

二、实验原理

EDTA 是络合滴定中最常用的滴定试剂，它能与大多数金属离子形成稳定的 1∶1 络合物。但 EDTA 试剂（常用的为带结晶水的二钠盐）常吸附有少量水分并含有少量其他杂质，因此不能作为基准试剂直接用于配制标准溶液。通常先将 EDTA 配成接近所需浓度的溶液，然后用基准物质进行标定。

常用于标定 EDTA 的基准物质有 Cu、Zn、Ni、Pb、CuO、$ZnSO_4$、$MgSO_4 \cdot 7H_2O$、$CaCO_3$ 等。当选用金属基准物质标定时，应注意去除金属表面可能存在的氧化膜。一般可先采用细砂纸擦或用稀酸溶掉氧化膜，再用蒸馏水、乙醇或丙酮冲洗，于 110℃ 的烘箱中烘几分钟，再置于干燥器中冷却备用。

标定时一般选择铬黑 T 或二甲酚橙作指示剂。不同指示剂适应的条件有所不同，为了减少误差，选用的标定条件应尽可能与测定待测物的条件一致。滴定过程中溶液中发生的反应如下：

滴定前：M(金属离子)+In(指示剂,乙色)══MIn（显甲色，省去了所带电荷，下同）
滴定开始至终点前：M+Y══MY
终点时：MIn(甲色)+Y══MY+In(显乙色)

滴定至溶液由甲色刚好变为乙色，即为终点。

三、主要试剂和仪器

1. 乙二胺四乙酸二钠盐（$Na_2H_2Y \cdot 2H_2O$，分子量 372.24）
2. NH_3-NH_4Cl 缓冲溶液 称取 20g NH_4Cl，溶于蒸馏水后，加 100mL 原装氨水，用蒸馏水稀释至 1L，pH 值约等于 10（或用缓冲溶液配制实验中所配制的 pH=10 的缓冲溶液）。

3. 铬黑T（$5g \cdot L^{-1}$） 称取0.50g铬黑T，溶于25mL三乙醇胺与75mL无水乙醇的混合溶液中，低温保存，有效期约100天。

4. 锌片（纯度为99.99%）

5. $CaCO_3$ 基准物质（于110℃烘箱中干燥2h，稍冷后置于干燥器中冷却至室温备用）

6. Mg-EDTA溶液 先配制$0.05mol \cdot L^{-1} MgCl_2$溶液和$0.05mol \cdot L^{-1}$ EDTA溶液各500mL，然后在pH=10的氨性条件下，以铬黑T作指示剂，用上述EDTA滴定Mg^{2+}，按所得比例把$MgCl_2$和EDTA混合，确保$n_{Mg^{2+}} : n_{EDTA} = 1 : 1$。

7. 六亚甲基四胺溶液（$200g \cdot L^{-1}$）

8. 二甲酚橙指示剂（$2g \cdot L^{-1}$） 低温保存，有效期半年。

9. HCl溶液（约$6mol \cdot L^{-1}$） 市售浓HCl与蒸馏水等体积混合。

10. 氨水（约$7mol \cdot L^{-1}$） 1体积市售浓氨水与1体积蒸馏水混合。

11. 甲基红（$1g \cdot L^{-1}$，60%乙醇溶液）

12. 玻璃仪器 烧杯（50mL、100mL、1000mL）、移液管（25mL）、酸式滴定管（50mL）、锥形瓶（250mL）、容量瓶（250mL）。

四、实验步骤

1. 配制标准溶液和EDTA溶液

（1）Ca^{2+}标准溶液 用差减法准确称取0.23～0.27g基准$CaCO_3$于100mL洗净的烧杯中，加少量蒸馏水润湿$CaCO_3$，盖上表面皿，从烧杯嘴处往烧杯中滴加约10mL $6mol \cdot L^{-1}$ HCl溶液，加热使$CaCO_3$全部溶解。冷却后用蒸馏水冲洗烧杯内壁和表面皿，将溶液定量转移至250mL容量瓶中，用蒸馏水稀释至刻度，摇匀，计算Ca^{2+}标准溶液的浓度。

（2）Zn^{2+}标准溶液 准确称取0.15～0.20g基准锌片于干净的50mL烧杯中，加入约5mL $6mol \cdot L^{-1}$ HCl溶液，立即盖上表面皿，待锌片完全溶解后，以少量蒸馏水冲洗表面皿，将溶液定量转移到250mL容量瓶中，加蒸馏水至刻度，摇匀，计算Zn^{2+}标准溶液的浓度。

（3）EDTA溶液 在电子天平上称取3.6～4.0g乙二胺四乙酸二钠盐于1000mL烧杯中，加蒸馏水溶解，再加蒸馏水稀释至1000mL左右，摇匀。然后等分倒入3个500mL聚乙烯塑料瓶中保存。

2. 标定EDTA

（1）用Zn^{2+}标准溶液标定 用移液管吸取25.00mL Zn^{2+}标准溶液于锥形瓶中，加1滴甲基红，再滴加$7mol \cdot L^{-1}$氨水至溶液由红变黄，以中和溶液中过量的HCl。然后，加20mL蒸馏水、10mL NH_3-NH_4Cl缓冲液、2～3滴$5g \cdot L^{-1}$铬黑T指示剂，用待标定的EDTA溶液滴定至溶液由紫红色刚好变为蓝绿色，记下EDTA体积。如此再重复滴定2次（开始可同时取3份Zn^{2+}标准溶液），取平均值后计算EDTA的准确浓度。

用移液管吸取25.00mL Zn^{2+}标准溶液于锥形瓶中，加2滴$2g \cdot L^{-1}$二甲酚橙指示剂，滴加$200g \cdot L^{-1}$六亚甲基四胺溶液至溶液呈现稳定的紫红色，再加5mL六亚甲基四胺。然后用EDTA溶液滴定至溶液由紫红色刚好变为黄色，记下EDTA的体积。平行滴定3份，计算EDTA的准确浓度。

(2) 用 Ca^{2+} 标准溶液标定 用移液管吸取 25.00mL Ca^{2+} 标准溶液于锥形瓶中，加 1 滴 $1g \cdot L^{-1}$ 甲基红，再滴加 $7mol \cdot L^{-1}$ 氨水至溶液由红变黄。再加约 20mL 蒸馏水、5mL Mg-EDTA 溶液、10mL NH_3-NH_4Cl 缓冲溶液、2~3 滴 $5g \cdot L^{-1}$ 铬黑 T 指示剂，用待标定的 EDTA 溶液滴定至溶液由酒红色变为蓝绿色，记下消耗的 EDTA 体积。平行滴定 3 次，计算 EDTA 的准确浓度。

五、实验数据记录

表 1 用 Zn^{2+} 标准溶液标定 EDTA 溶液 [$m(Zn)=$_____g，铬黑 T 指示剂]

编号	1	2	3
$V(EDTA)/mL$			
$c(EDTA)/mol \cdot L^{-1}$			
$c(EDTA)$平均$/mol \cdot L^{-1}$			
相对偏差/%			
相对平均偏差/%			

表 2 用 Zn^{2+} 标准溶液标定 EDTA 溶液 [$m(Zn)=$_____g，二甲酚橙指示剂]

编号	1	2	3
$V(EDTA)/mL$			
$c(EDTA)/mol \cdot L^{-1}$			
$c(EDTA)$平均$/mol \cdot L^{-1}$			
相对偏差/%			
相对平均偏差/%			

表 3 用 Ca^{2+} 标准溶液标定 EDTA 溶液 [$m(CaCO_3)=$_____g，铬黑 T 指示剂]

编号	1	2	3
$V(EDTA)/mL$			
$c(EDTA)/mol \cdot L^{-1}$			
$c(EDTA)$平均$/mol \cdot L^{-1}$			
相对偏差/%			
相对平均偏差/%			

说明：

1. 每个同学自带三个干净的 500mL 矿泉水瓶（分别用于盛装配制好的 EDTA 溶液）。
2. 标签上要写明：试剂的名称和浓度、标定的基准物质和指示剂、配制的日期、本人的姓名和学号。本实验所配制标定好的 EDTA 溶液供后续"络合滴定"实验使用。

六、思考题

1. 在中和标准溶液中的 HCl 时，能否用酚酞代替甲基红来指示？为什么？

2. 简述 Mg-EDTA 溶液提高终点敏锐度的原理。
3. 滴定为什么要在缓冲溶液中进行？
4. 若 EDTA 标准溶液需长期保存时，应储存在何种容器中？为什么？

实验二 自来水硬度的测定

一、实验目的

1. 学会用络合滴定法测定水硬度、钙硬度和镁硬度的原理及方法。
2. 了解水硬度的含义及其测定的实际意义。

二、实验原理

水硬度分为水的总硬度和钙、镁硬度两种，前者是指 Ca^{2+}、Mg^{2+} 总量，后者则分别为 Ca^{2+} 和 Mg^{2+} 的含量。用 EDTA 络合滴定法测定水的硬度时，可在 pH=10 的缓冲溶液中，以铬黑 T 为指示剂，用三乙醇胺掩蔽水中的 Fe^{3+}、Al^{3+}、Cu^{2+}、Pb^{2+}、Zn^{2+} 等共存离子，再用 EDTA 直接滴定水中的 Ca^{2+}、Mg^{2+} 的总量。计算式为：

$$水的总硬度 = (cV)_{EDTA} M_{CaCO_3} / V_{水样}$$

在测定 Ca^{2+} 时，先用 NaOH 溶液调节溶液的 pH 值为 12~13，使 Mg^{2+} 转变成 $Mg(OH)_2$ 沉淀。再加入钙指示剂，用 EDTA 滴定至溶液由钙指示剂-Ca^{2+} 络合物的红色变成钙指示剂的蓝色，即为终点。根据用去的 EDTA 量计算 Ca^{2+} 的浓度，从相同水样的 Ca^{2+}、Mg^{2+} 总量中减去 Ca^{2+} 的量，即得 Mg^{2+} 的分量。

需要注意的是，在滴定水中的 Ca^{2+}、Mg^{2+} 总量时，若水中 Mg^{2+} 的浓度很小，则需在滴定前向水样中加入少量 Mg-EDTA 溶液，以提高滴定终点颜色变化的灵敏度。

各国表示水硬度的方法不尽相同，表 1 为各国水硬度的换算关系。我国采用 mol($CaCO_3$)·L^{-1} 或 mg($CaCO_3$)·L^{-1} 为单位表示水的硬度。

表 1 各国硬度单位换算表

硬度单位	mol·L^{-1}	德国硬度	法国硬度	英国硬度	美国硬度
1mol·L^{-1}	1.00000	2.8040	5.0050	3.5110	50.050
1 德国硬度	0.35663	1.0000	1.7848	1.2521	17.848
1 法国硬度	0.19982	0.5603	1.0000	0.7015	10.000
1 英国硬度	0.28483	0.7987	1.4255	1.0000	14.255
1 美国硬度	0.01998	0.0560	0.1000	0.0702	1.000

三、主要试剂和仪器

1. EDTA 溶液（0.01mol·L^{-1}） 配制方法同实验一。
2. NH_3-NH_4Cl 缓冲溶液 配制方法同实验一。
3. Mg-EDTA 溶液 配制方法同实验一。
4. 铬黑 T 指示剂（5g·L^{-1}） 配制方法同实验一。

5. 三乙醇胺溶液（200g·L^{-1}）

6. Na$_2$S 溶液（20g·L^{-1}）

7. HCl 溶液（约 6mol·L^{-1}）　配制方法同实验一。

8. 钙指示剂（0.05g·L^{-1}）　配制方法同铬黑 T 指示剂。

9. 玻璃仪器　烧杯（100mL）、移液管（25mL）、酸式滴定管（50mL）、锥形瓶（250mL）、容量瓶（250mL）。

四、实验步骤

1. EDTA 标准溶液

用 Ca^{2+} 标准溶液在 NH$_3$-NH$_4$Cl 缓冲溶液中标定 EDTA 标准溶液。

2. 自来水总硬度测定

取一干净的大烧杯或试剂瓶接自来水 500～1000mL，用移液管移取 100.00mL 自来水于 250mL 锥形瓶中，加入 3mL 200g·L^{-1} 三乙醇胺溶液、5mL NH$_3$-NH$_4$Cl 缓冲溶液、2～3 滴 5g·L^{-1} 铬黑 T 指示剂，用 0.01mol·L^{-1} EDTA 标准溶液滴定至溶液刚好由红色变为蓝色，记下读数。平行滴定 3 份，计算水样的总硬度，以 $x$mg（CaCO$_3$）·L^{-1} 表示结果。

3. Ca^{2+} 的测定

用移液管移取 100.00mL 自来水于 250mL 锥形瓶中，加入 2mL 6mol·L^{-1} NaOH 溶液（若沉淀较多，可加蒸馏水稀释）、4～5 滴 0.05g·L^{-1} 钙指示剂，用 0.01mol·L^{-1} EDTA 溶液滴定到溶液变成蓝色，记下 EDTA 体积。再重复滴定 2 次，计算 Ca^{2+} 的浓度，进而计算 Mg^{2+} 的浓度。

五、实验数据记录

表 1　自来水总硬度测定（$V_{水样}=$ _____ mL，$c_{EDTA}=$ _____ mol·L^{-1}）

编号	1	2	3
V(EDTA)/mL			
V(EDTA)平均/mL			
水样总硬度/mg(CaCO$_3$)·L^{-1}			
相对偏差/%			
相对平均偏差/%			

表 2　Ca^{2+}、Mg^{2+} 硬度的测定（$V_{水样}=$ _____ mL，$c_{EDTA}=$ _____ mol·L^{-1}）

编号	1	2	3
V(EDTA)/mL			
V(EDTA)平均/mL			
Ca^{2+} 硬度/mg(CaCO$_3$)·L^{-1}			
相对偏差/%			

编号	1	2	3
相对平均偏差/%			
Mg^{2+}硬度/mg($CaCO_3$)·L^{-1}			
相对偏差/%			
相对平均偏差/%			

说明：

1. 根据滴定第一份水样所消耗的EDTA溶液的体积，在滴定第二份和第三份水样时，预加95%左右的EDTA标准溶液，然后再加入缓冲溶液进行滴定，这样可以降低水或试剂中的CO_3^{2-}对Ca^{2+}的干扰，使终点变色比较敏锐。

2. 水的硬度最初是指水沉淀肥皂的能力。使肥皂沉淀的主要原因是水中存在钙镁离子。总硬度是指水中含钙镁离子的总浓度，其中包括碳酸盐硬度，也称暂时硬度，是指通过加热能以碳酸盐形式沉淀下来的钙镁离子；还有就是非碳酸盐硬度，亦称永久硬度，是指加热后不能沉淀下来的那部分钙镁离子。

3. 我国过去需以德国硬度标准表示水的总硬度。即把1L水中含有10mgCaO定为1°，Mg^{2+}也折算成相当量的CaO计算，并把硬度在8°以下的水称为软水，8°～16°的水称为中等硬度水，16°～30°的水称为硬水，30°以上称为很硬水。生活用水的总硬度不得超过25°，也就是以$CaCO_3$计不得超过450mg·L^{-1}。

4. 若水样中含有较多CO_2和重金属离子，可先加入1～2滴HCl溶液使水样酸化，煮沸数分钟后除去CO_2，冷却后再加入1mL Na_2S溶液以掩蔽重金属离子。

六、思考题

1. 本实验中最好采用哪种基准物质来标定EDTA，为什么？
2. 在测定水的硬度时，先于3个锥形瓶中加水样，再加NH_3-NH_4Cl缓冲液、三乙醇胺溶液、铬黑T指示剂，然后用EDTA溶液滴定，结果会怎样？
3. 如欲掩蔽水样中的Al^{3+}、Fe^{3+}离子，三乙醇胺要在加入指示剂前加入，为什么？

实验三　铋铅混合溶液铋、铅含量的测定

一、实验目的

1. 学习通过控制酸度对铋、铅含量连续滴定的原理和方法。
2. 掌握二甲酚橙（XO）指示剂的使用条件及颜色变化。

二、实验原理

Bi^{3+}、Pb^{2+}均能与EDTA形成稳定的1∶1络合物，它们的$\lg K^{\ominus}$分别为27.94和18.04。由于两者的$\lg K^{\ominus}$相差很大，故可利用EDTA的酸效应，在不同酸度下进行分别滴定。在pH≈1时可滴定Bi^{3+}，在pH=5～6时滴定Pb^{2+}。

因此，可先将Bi^{3+}-Pb^{2+}混合溶液的pH值调为1左右，以二甲酚橙为指示剂，用

EDTA 标准溶液滴定 Bi^{3+}，当溶液由紫红色变为黄色，即为滴定 Bi^{3+} 的终点。在此 pH 值下 Bi^{3+} 与指示剂形成紫红色络合物，但 Pb^{2+} 不与二甲酚橙显色。

在滴定 Bi^{3+} 后的溶液中，加入六亚甲基四胺溶液，调节溶液 pH＝5～6，此时 Pb 与二甲酚橙形成紫红色络合物，溶液再次呈现紫红色，然后用 EDTA 标准溶液继续滴定，当溶液由紫红色变为黄色时，即为滴定 Pb^{2+} 的终点。

为了减小实验误差，本实验用 EDTA 标准溶液，应选用以二甲酚橙为指示剂，用 Zn^{2+} 标准溶液标定的 EDTA 标准溶液。

三、主要试剂和仪器

1. EDTA 溶液（0.01～0.015mol·L^{-1}）
2. 二甲酚橙指示剂（2g·L^{-1}）
3. 六亚甲基四胺溶液（200g·L^{-1}）
4. HCl 溶液（约 6mol·L^{-1}）
5. Bi^{3+}、Pb^{2+} 混合液（含 Bi^{3+}、Pb^{2+} 各约 0.01mol·L^{-1}） 称取 49g $Bi(NO_3)_3$·$5H_2O$、33g $Pb(NO_3)_2$，将它们加入盛有 312mL HNO_3 的烧杯中，在电炉上微热溶解后，稀释至 10L。
6. 浓 HNO_3 溶液
7. 玻璃仪器 烧杯（100mL）、移液管（25mL）、酸式滴定管（50mL）、锥形瓶（250mL）、容量瓶（250mL）。

四、实验步骤

1. 混合液中 Bi^{3+} 的测定

用移液管移取 25.00mL Bi^{3+}、Pb^{2+} 混合溶液 3 份于 250mL 锥形瓶中，各加 1～2 滴 2g·L^{-1} 二甲酚橙指示剂，用上述 EDTA 标准溶液滴定至溶液由紫红色变为黄色。平行滴定 3 份，记下 EDTA 的体积，计算混合液中 Bi^{3+} 的含量（以 g·L^{-1} 表示）。

2. 混合液 Pb^{2+} 的测定

向滴定 Bi^{3+} 后的溶液中滴加 200g·L^{-1} 六亚甲基四胺溶液至呈现稳定的紫红色，再多加入 5mL，此时溶液的 pH＝5～6。然后用 EDTA 标准溶液滴定，当溶液由紫红色变为黄色，即为滴定 Pb^{2+} 的终点。根据消耗的 EDTA 体积计算混合液中 Pb^{2+} 的含量（以 g·L^{-1} 表示）。如此平行滴定 3 份，计算平均值。

五、实验数据记录

表 1 Bi^{3+}、Pb^{2+} 混合液的测定（$V_{水样}$＝_____ mL，c_{EDTA}＝_____ mol·L^{-1}）

编号	1	2	3
$V(EDTA)$/mL(滴定 Bi^{3+})			
$V(EDTA)$平均值/mL			
$c(Bi^{3+})$/g·L^{-1}			

续表

编号	1	2	3
相对偏差/%			
V(EDTA)/mL(滴定 Pb^{2+})			
V(EDTA)平均值/mL			
c(Pb^{2+})/g·L^{-1}			
相对偏差/%			

说明：

1. 当 pH≈1 时，$BiONO_3$ 沉淀不会析出，二甲酚橙也不与 Pb^{2+} 形成紫红色配合物；酸度过高时，二甲酚橙指示剂将不与 Bi^{3+} 配位，溶液呈黄色。

2. 用精密 pH 试纸检验溶液 pH 值时，为了避免检验时试液被带出而引起损失，可先取一份溶液做调节 pH 值的试验，之后可按相同方法进行调节而不再用精密 pH 试纸。

3. 试样为铋铅合金时，溶样方法如下：准确称取 0.5～0.6g 合金试样于 100mL 小烧杯中，加入 6～7mL 1:2 的 HNO_3 溶液，盖上表面皿，小火加热溶解，注意不可煮沸，待合金溶解完全后，趁热用 0.05mol·L^{-1} 的 HNO_3 溶液淋洗表面皿和烧杯壁，冷却后将试样定量转移到 250mL 容量瓶中。用稀 HNO_3 溶液定容后摇匀。滴定 Bi^{3+} 时切勿煮沸，溶解完全后应立即停止加热，以免 HNO_3 过度蒸发以致造成逆减或 Bi^{3+} 的水解。

六、思考题

1. 描述连续滴定 Bi^{3+}、Pb^{2+} 过程中锥形瓶中颜色变化的情形，并说明颜色变化的原因。

2. 为什么不用 NaOH、NaAc 或 $NH_3·H_2O$，而用六亚甲基四胺调节 pH 值到 5～6？

3. 如果采用 pH=10 时用 Ca^{2+} 标定的 EDTA 标准溶液来滴定 Bi^{3+}、Pb^{2+}，会对测定结果产生什么影响？

实验四　胃舒平药片中铝和镁含量的测定

一、实验目的

1. 学习用返滴定法测定铝和镁原理与方法。
2. 学习试样的处理方法及沉淀分离的操作方法。

二、实验原理

胃舒平又称复方氢氧化铝，是一种常见的胃药。其主要成分为氢氧化铝、三硅酸镁（$2MgO·3SiO_2·xH_2O$）、颠茄浸膏及糊精。其主要有效成分氢氧化铝和三硅酸镁的含量可用 EDTA 络合滴定法测定。由于 Al^{3+} 与 EDTA 的络合反应速率较慢，而且会对滴定指示剂有封闭作用，因而常采用返滴定法进行测定。具体方法是滴定前先用 HNO_3 溶液溶解药片，再取药片溶液，将溶液的 pH 值调为 3～4，加入一定量且过量的 EDTA 溶液，加热煮沸数分钟，冷却后再将其 pH 值调到 5～6，以二甲酚橙为指示剂，用 Zn^{2+} 标准溶液返滴定过量的 EDTA，求得氢氧化铝的含量。

测定镁含量时，另取一份试液，先调节溶液的 pH 使 Al^{3+} 转变为 $Al(OH)_3$ 沉淀，过滤分离后，在 pH = 10 的条件下，以铬黑 T 为指示剂，用 EDTA 标准溶液滴定溶液中的 Mg^{2+}，求得其含量。

注意：要分别使用测定与标定实验条件相同的 EDTA 标准溶液，测定铝、镁含量。

三、主要试剂和仪器

1. EDTA 标准溶液（$0.01 mol \cdot L^{-1}$）
2. Zn^{2+} 标准溶液（$0.01 mol \cdot L^{-1}$）
3. 氨水（约 $7 mol \cdot L^{-1}$）
4. HNO_3 溶液（约 $6 mol \cdot L^{-1}$）
5. 六亚甲基四胺溶液（$200 g \cdot L^{-1}$）
6. NH_3-NH_4Cl 缓冲溶液（pH≈10）
7. 三乙醇胺溶液（1 体积三乙醇胺与 3 体积蒸馏水混合）
8. 甲基红指示剂（$2 g \cdot L^{-1}$，乙醇溶液）
9. 二甲酚橙指示剂（$2 g \cdot L^{-1}$）
10. 铬黑 T 指示剂（$5 g \cdot L^{-1}$）
11. NH_4Cl 固体
12. 玻璃仪器　烧杯（100mL）、移液管（25mL）、酸式滴定管（50mL）、锥形瓶（250mL）、容量瓶（250mL）。

四、实验步骤

1. 试样的前处理

准确称取研磨均匀的胃舒平药片粉末 0.7g 左右于 100mL 烧杯中，在搅拌下加入 20mL $6 mol \cdot L^{-1} HNO_3$ 溶液、25mL 蒸馏水，加热煮沸 5min，冷却后定量转入 250mL 容量瓶中，加蒸馏水至刻度，摇匀。

2. 铝含量的测定

摇匀容量瓶中的药片溶液（没有过滤，溶液中可能有胶状沉淀），移取 5.00mL 该溶液于 250mL 锥形瓶中，加 1 滴 $2 g \cdot L^{-1}$ 甲基红，再滴加 $7 mol \cdot L^{-1}$ 氨水至溶液变黄，加 25mL 蒸馏水，滴加 $6 mol \cdot L^{-1}$ HCl 溶液至刚好变红，准确加入 25.00mL $0.01 mol \cdot L^{-1}$ EDTA 标准溶液，煮沸几分钟，冷却后加 10mL $200 g \cdot L^{-1}$ 六亚甲基四胺溶液、2～3 滴 $2 g \cdot L^{-1}$ 二甲酚橙指示剂①，用 $0.01 mol \cdot L^{-1}$ Zn^{2+} 标准溶液滴定至溶液由黄色变为紫红色。平行滴定 3 份，根据 EDTA 和 Zn^{2+} 的量，计算药片中 $Al(OH)_3$ 的质量分数。

3. 镁含量的测定

移取 25.00mL 试液于 250mL 锥形瓶中，加 1 滴 $2 g \cdot L^{-1}$ 甲基红，再滴加 $7 mol \cdot L^{-1}$ 氨水至溶液变黄，滴加约 $6 mol \cdot L^{-1}$ HCl 溶液至刚好变红，加 2g NH_4Cl，滴加 $200 g \cdot L^{-1}$ 六亚甲基四胺溶液至沉淀出现，再多加 15mL，加热到约 80℃ 并保持 10～15min，冷却后过滤，用少量蒸馏水洗涤沉淀数次，将滤液收集于 250mL 锥形瓶中，加入 10mL 三乙醇胺、10mL NH_3-NH_4Cl 缓冲溶液、3～5 滴 $5 g \cdot L^{-1}$ 铬黑 T 指示剂，用 EDTA 标准溶液滴定至变为蓝绿色。再重复滴定 2 份，计算药片中 MgO 的质量分数。

五、实验数据记录

表1　铝含量测定（$m_{胃舒平} = \underline{\quad}$ g，$c_{EDTA} = \underline{\quad}$ mol·L^{-1}）

编号	1	2	3
V(试样)/mL			
V(EDTA)/mL			
V(Zn^{2+})/mL			
w[Al(OH)$_3$]/%			
w[Al(OH)$_3$]平均值/%			
相对偏差/%			
相对平均偏差/%			

表2　镁含量测定（$c_{EDTA} = \underline{\quad}$ mol·L^{-1}）

编号	1	2	3
V(试样)/mL			
V(EDTA)/mL			
w(MgO)/%			
w(MgO)平均值/%			
相对偏差/%			
相对平均偏差/%			

说明：

1. 文中①标注，此时溶液可能呈黄色或红色，若为红色说明 pH 值偏高，后面用 Zn^{2+} 标准溶液滴定时，其中多余的 HCl 一般可使溶液 pH 值降下来，滴定过程中溶液则从红色变为黄色，再变成紫红色。如果滴定过程中溶液一直呈红色，则应滴加 HCl 溶液使其变黄后再滴定。

2. 欲使滴定结果具有良好的代表性，所取药片的数量不能太少，且应研细、混匀。对于一般实验练习，取量可少一些，也可每人称一片半左右。

六、思考题

1. 本实验中测定 MgO 的误差来源有哪些？
2. 测定 Al(OH)$_3$ 含量时，加六亚甲基四胺溶液和二甲酚橙指示剂后。为什么有些人的溶液为黄色，有些人的则为红色？
3. 能否在同一份试样中连续测定铝和镁？

第四章
沉淀滴定与重量分析实验

实验一　可溶性氯化物中氯含量的测定

莫尔法

一、实验目的

1. 学习配制和标定 $AgNO_3$ 标准溶液。
2. 掌握莫尔法滴定的原理和实验操作。

二、实验原理

某些可溶性氯化物中氯含量的测定可采用莫尔法。此法是在中性或弱碱性溶液中，以 K_2CrO_4 为指示剂，用 $AgNO_3$ 标准溶液进行滴定。由于 AgCl 沉淀的溶解度比 Ag_2CrO_4 小，因此，溶液中首先析出 AgCl 沉淀。当 AgCl 定量沉淀后，过量的 $AgNO_3$ 溶液即与 CrO_4^{2-} 生成砖红色 Ag_2CrO_4 沉淀，指示达到终点。反应式如下：

$$Ag^+ + Cl^- \Longrightarrow AgCl\downarrow (白色) \qquad K_{sp}^{\ominus} = 1.8 \times 10^{-10}$$

$$2Ag^+ + CrO_4^{2-} \Longrightarrow Ag_2CrO_4\downarrow (砖红色) \qquad K_{sp}^{\ominus} = 2.0 \times 10^{-12}$$

滴定必须在中性或弱碱性溶液中进行，最适宜的 pH 值范围为 6.5～10.5。如果有铵盐存在，溶液的 pH 值需控制在 6.5～7.2。

指示剂的用量对滴定有影响，一般以 5×10^{-3} mol·L^{-1} 为宜（指示剂必须定量加入）。溶液较稀时，须做指示剂的空白校正。凡是能与 Ag^+ 生成难溶性化合物或络合物的阴离子都干扰测定，如 PO_4^{3-}、AsO_4^{3-}、SO_3^{2-}、S^{2-}、CO_3^{2-}、$C_2O_4^{2-}$ 等。其中 H_2S 可加热煮沸除去，将 SO_3^{2-} 氧化成 SO_4^{2-} 后就不再干扰测定。大量 Cu^{2+}、Ni^{2+}、Co^{2+} 等有色离子将影响终点观察。凡是能与 CrO_4^{2-} 指示剂生成难溶化合物的阳离子也干扰测定，如 Ba^{2+}、Pb^{2+} 能与 CrO_4^{2-} 分别生成 $BaCrO_4$ 和 $PbCrO_4$ 沉淀。Ba^{2+} 的干扰可通过加入过量的 Na_2SO_4 消除。Al^{3+}、Fe^{3+}、Bi^{3+}、Sn^{4+} 等高价金属离子因在中性或弱碱性溶液中易水解产生沉淀，也会干扰测定。

三、主要试剂和仪器

1. NaCl 基准试剂　在 500～600℃ 高温炉中灼烧 0.5h 后，置于干燥器中冷却。也可将 NaCl 置于带盖的瓷坩埚中，加热，并不断搅拌，待爆炸声停止后，继续加热 15min，将坩埚放入干燥器中冷却后使用。

2. AgNO$_3$ 溶液（0.1mol·L^{-1}）　称取 8.5g AgNO$_3$ 溶解于 500mL 不含 Cl$^-$ 的蒸馏水中，将溶液转入棕色试剂瓶中，置暗处保存，以防止光照分解。

3. K$_2$CrO$_4$ 溶液（50g·L^{-1}）

4. NaCl 试样

5. 玻璃仪器　烧杯（100mL）、移液管（25mL）、吸量管（5mL）、酸式滴定管（50mL）、锥形瓶（250mL）、容量瓶（100mL、250mL）。

四、实验步骤

1. AgNO$_3$ 溶液的标定

准确称取 0.5～0.65g NaCl 基准物于小烧杯中，用蒸馏水溶解后，定量转入 100mL 容量瓶中，以蒸馏水稀释至刻度，摇匀。

用移液管移取 25.00mL NaCl 溶液于 250mL 锥形瓶中，加入 25mL 蒸馏水（沉淀滴定中，为减少沉淀对被测离子的吸附，一般滴定的体积以大些为好，故需加蒸馏水稀释试液），用吸量管加入 1mL 50g·L^{-1} K$_2$CrO$_4$ 溶液，在不断摇动条件下，用待标定的 AgNO$_3$ 溶液滴定至呈现砖红色即为终点（银为贵金属，含 AgCl 的废液应回收处理）。平行标定 3 份。根据 AgNO$_3$ 溶液的体积和 NaCl 的质量，计算 AgNO$_3$ 溶液的浓度。

2. 试样分析

准确称取 2g NaCl 试样于烧杯中，加蒸馏水溶解后，定量转入 250mL 容量瓶中，用蒸馏水稀释至刻度，摇匀。用移液管移取 25.00mL 试液于 250mL 锥形瓶中，加入 25mL 蒸馏水，用 1mL 吸量管加入 1mL 50g·L^{-1} K$_2$CrO$_4$ 溶液，在不断摇动条件下，用 AgNO$_3$ 标准溶液滴定至溶液出现砖红色即为终点。平行测定 3 份，计算试样中氯的含量。

3. 空白试验

取 1mL K$_2$CrO$_4$ 指示剂溶液，加入适量蒸馏水，然后加入无 Cl$^-$ 的 CaCO$_3$ 固体（相当于滴定时 AgCl 的沉淀量），制成相似于实际滴定的浑浊溶液。逐渐滴入 AgNO$_3$ 标准溶液，至与终点颜色相同为止。记录读数，从滴定试液所消耗的 AgNO$_3$ 体积中扣除此读数。

实验完毕后，将装 AgNO$_3$ 溶液的滴定管先用蒸馏水冲洗 2～3 次后，再用自来水洗净，以免 AgCl 残留于管内。

五、实验数据记录表格

表 1　AgNO$_3$ 溶液的标定

编号	1	2	3
m(NaCl 基准)/g			
V(NaCl 基准)/mL			

续表

编号	1	2	3
$V(AgNO_3)/mL$			
$c(AgNO_3)/mol \cdot L^{-1}$			
$c(AgNO_3)$平均值$/mol \cdot L^{-1}$			
相对偏差/%			
相对平均偏差/%			

表 2 氯含量的标定

编号	1	2	3
$m(NaCl$ 试样$)/g$			
$V(NaCl$ 试样$)/mL$			
$V(AgNO_3)/mL$			
$c(AgNO_3)/mol \cdot L^{-1}$			
$V(AgNO_3)$平均值$/mL$			
$V(AgNO_3$ 空白$)/mL$			
$w(Cl)/\%$			
相对偏差/%			
相对平均偏差/%			

说明：

1. 莫尔法最适宜的 pH 值范围为 6.5～10.5，因为 CrO_4^{2-} 在溶液中存在下列平衡：

$$2H^+ + CrO_4^{2-} \longrightarrow 2HCrO_4^- \longrightarrow Cr_2O_7^{2-} + H_2O$$

在酸性溶液中，平衡向右移动，CrO_4^{2-} 浓度降低，使 Ag_2CrO_4 沉淀过迟或不出现从而影响分析结果。在强碱性或氨性溶液中，滴定剂 $AgNO_3$ 会生成 AgO 或 $[Ag(NH_3)_2]^+$。因此，若被测定的 Cl^- 溶液的酸性太强，应用 $NaHCO_3$ 或 $Na_2B_4O_7$ 中和；碱性太强，则应用稀 HNO_3 中和，调至适宜的 pH 值后，再进行滴定。

2. 沉淀滴定中，为减少沉淀对被测离子的吸附，一般滴定的体积以大些为好，故需加水稀释被滴定液。同时滴定时必须充分振荡，使被吸附的 Cl^- 释放出来，以获得准确的终点。

3. $K_2Cr_2O_7$ 的用量对滴定有影响。如果 $K_2Cr_2O_7$ 浓度过高，终点提前到达，同时 $K_2Cr_2O_7$ 本身呈黄色，若溶液颜色太深，影响终点的观察；如果 $K_2Cr_2O_7$ 浓度过低，终点延迟到达。

4. 滴定至近终点时，AgCl 沉淀开始凝聚下沉，乳状液有所澄清，终点时是白色沉淀中混有很少量的砖红色 Ag_2CrO_4 沉淀，透过黄色溶液观察呈浅砖红色，近乎浅橙色，要仔细观察，以免滴过量。

5. 银是贵重金属，因此凡含 AgCl 的滴定废液应予回收。

六、思考题

1. 莫尔法测氯时，为什么溶液的 pH 值需控制在 6.5～10.5？
2. 以 K_2CrO_4 作指示剂时，指示剂浓度过大或过小对测定有何影响？

佛尔哈德法

一、实验目的

1. 学习 NH_4SCN 标准溶液的配制和标定。
2. 掌握用佛尔哈德法测定可溶性氯化物中氯含量的原理和方法。

二、实验原理

在含 Cl^- 的酸性试液中，加入一定量且过量的 Ag^+ 标准溶液，定量生成 AgCl 沉淀后，过量 Ag^+ 以铁铵矾作指示剂，用 NH_4SCN 标准溶液返滴定，由 $Fe(SCN)^{2+}$ 络离子的红色来指示滴定终点。反应如下：

$$Ag^+ + Cl^- =\!=\!= AgCl\downarrow（白色） \quad K_{sp}^{\ominus} = 1.8\times 10^{-10}$$
$$Ag^+ + SCN^- =\!=\!= AgSCN\downarrow（白色） \quad K_{sp}^{\ominus} = 1.0\times 10^{-12}$$
$$Fe^{3+} + SCN^- =\!=\!= Fe(SCN)^{2+}（红色） \quad K_1^{\ominus} = 138$$

指示剂用量大小对滴定有影响，一般控制 Fe^{3+} 浓度为 $0.015 mol\cdot L^{-1}$ 为宜，滴定时，控制氢离子浓度为 $0.1\sim 1 mol\cdot L^{-1}$，剧烈摇动溶液，并加入硝基苯（有毒）或石油醚保护 AgCl 沉淀，使其与溶液隔开，防止 AgCl 沉淀与 SCN^- 发生置换反应而消耗滴定剂。

能与 SCN^- 生成沉淀或生成络合物，或能氧化 SCN^- 的物质均有干扰。PO_4^{3-}、AsO_4^{3-}、CrO_4^{2-} 等离子，由于酸效应的作用不影响测定。佛尔哈德法常用于直接测定银合金和矿石中的银的含量。

三、主要试剂和仪器

1. $AgNO_3$ 溶液（$0.1 mol\cdot L^{-1}$，配制方法见莫尔法）
2. NH_4SCN 溶液（$0.1 mol\cdot L^{-1}$） 称取 $3.8g\ NH_4SCN$，用 500mL 蒸馏水溶解后转入试剂瓶中。
3. 铁铵矾指示剂（$400g\cdot L^{-1}$）
4. HNO_3 溶液（$8 mol\cdot L^{-1}$） 若含有氮的氧化物而呈黄色时，应煮沸去除氮化合物。
5. 硝基苯
6. NaCl 试样
7. 玻璃仪器 烧杯（100mL）、移液管（25mL）、吸量管（5mL）、酸式滴定管（50mL）、锥形瓶（250mL）、容量瓶（100mL、250mL）。

四、实验步骤

1. $1 mol\cdot L^{-1}\ AgNO_3$ 溶液的标定

准确称取 $0.5\sim 0.65g\ NaCl$ 基准物于小烧杯中，用蒸馏水溶解后，定量转入 100mL 容量瓶中，以蒸馏水稀释至刻度，摇匀。

用移液管移取 25.00mL NaCl 溶液于 250mL 锥形瓶中，加入 25mL 蒸馏水（沉淀滴定中，为减少沉淀对被测离子的吸附，一般滴定的体积以大些为好，故需加蒸馏水稀释试液），用吸量管加入 1mL 50g·L^{-1} K$_2$CrO$_4$ 溶液,在不断摇动条件下,用待标定的 AgNO$_3$ 溶液滴定至呈现砖红色即为终点(银为贵金属,含 AgCl 的废液应回收处理)。平行标定 3 份,根据 AgNO$_3$ 溶液的体积和 NaCl 的质量,计算 AgNO$_3$ 溶液的浓度。

2. NH$_4$SCN 溶液的标定

用移液管移取 25.00mL 0.1mol·L^{-1} AgNO$_3$ 标准溶液于 250mL 锥形瓶中,加入 5mL (8mol·L^{-1}) HNO$_3$ 溶液、1.0mL 400g·L^{-1} 铁铵矾指示剂,然后用待标定的 NH$_4$SCN 溶液滴定。滴定时,剧烈振荡溶液,当滴至溶液颜色稳定为淡红色时即为终点。平行标定 3 份,计算 NH$_4$SCN 溶液浓度。

3. 试样分析

准确称取约 2g NaCl 试样于 50mL 烧杯中,加蒸馏水溶解后,定量转入 250mL 容量瓶中,稀释至刻度,摇匀。

用移液管移取 25.00mL 试样溶液于 250mL 锥形瓶中,加 25mL 蒸馏水、5mL (8mol·L^{-1}) HNO$_3$ 溶液,用滴定管加入 0.1mol·L^{-1} AgNO$_3$ 标准溶液至过量 5~10mL(加入 AgNO$_3$ 溶液时,生成白色 AgCl 沉淀,接近计量点时,AgCl 要凝聚,振荡溶液,再让其静置片刻,使沉淀沉降,然后加入几滴 AgNO$_3$ 到清液层。如不生成沉淀,说明 AgNO$_3$ 已过量,这时,再适当过量 5~10mL AgNO$_3$ 溶液即可)。然后,加入 2mL 硝基苯,用橡胶塞塞住瓶口,剧烈振荡 30s,使 AgCl 沉淀进入硝基苯层而与溶液隔开。再加入 1.0mL 400g·L^{-1} 铁铵矾指示剂,用 NH$_4$SCN 标准溶液滴至出现 Fe(SCN)$^{2+}$ 络合物的淡红色稳定不变时即为终点。平行测定 3 份,计算 NaCl 试样中的氯的含量。

五、实验数据记录表格

表 1　0.1mol·L^{-1} AgNO$_3$ 溶液的标定

编号	1	2	3
m(NaCl 基准)/g			
V(NaCl 基准)/mL			
V(AgNO$_3$)/mL			
c(AgNO$_3$)/mol·L^{-1}			
c(AgNO$_3$)平均值/mol·L^{-1}			
相对偏差/%			
相对平均偏差/%			

表 2　0.1mol·L^{-1} NH$_4$SCN 溶液的标定

编号	1	2	3
V(AgNO$_3$)/mL			
V(NH$_4$SCN)/mL			
c(NH$_4$SCN)/mol·L^{-1}			
c(NH$_4$SCN)平均值/mol·L^{-1}			
相对偏差/%			
相对平均偏差/%			

表3 氯含量的标定

编号	1	2	3
m(NaCl 试样)/g			
V(NaCl 试样)/mL			
V(AgNO$_3$)/mL			
V(NH$_4$SCN)/mL			
c(NH$_4$SCN)/mol·L^{-1}			
w(Cl)/%			
w(Cl)平均值/%			
相对偏差/%			
相对平均偏差/%			

说明：

1. AgCl 和 AgSCN 沉淀都极易吸附溶液中的 Ag^+，所以终点前需边滴定边剧烈振摇，以减少吸附，保证滴定反应进行完全。

2. 溶液中同时存在 AgCl 和 AgSCN 两种沉淀，由于 AgCl 沉淀的溶解度（8.72×10^{-8} mol·L^{-1}）比 AgSCN 沉淀的溶解度（6.47×10^{-9} mol·L^{-1}）大，在临近终点时，加入的 NH$_4$SCN 将与 AgCl 发生沉淀转化反应：

$$AgCl + SCN^- \longrightarrow AgSCN + Cl^-$$

这就使得 NH$_4$SCN 标准溶液的用量增多，因而引起较大误差。所以在接近终点时要避免剧烈振荡。为了避免上述现象的发生，可在加入过量 AgNO$_3$ 标准溶液后，将溶液煮沸，使 AgCl 沉淀凝聚，过滤除去沉淀，并用稀 HNO$_3$ 洗涤沉淀，洗涤液并入滤液中。然后再用 NH$_4$SCN 标准溶液返滴定滤液中过量的 AgNO$_3$。也可在加入过量 AgNO$_3$ 标准溶液后，加入有机溶剂如硝基苯、石油醚、二氧乙烷及聚丙烯酰胺类高分子化合物，用力摇动，使 AgCl 沉淀进入有机层，与被滴定的溶液隔开，再用 NH$_4$SCN 标准溶液返滴。此外，也可提高 Fe^{3+} 的浓度以减小终点 SCN^- 的浓度，从而减小误差。

用返滴定法测定溴化物或碘化物时，由于 AgBr 和 AgI 的溶度积比 AgSCN 的小，不会发生沉淀转化反应，不必采取上述措施。

六、思考题

1. 佛尔哈德法测氯含量时，为什么要加入石油醚或硝基苯？当用此法测定 Br^-、I^- 时，还需加入石油醚或硝基苯吗？
2. 试讨论酸度对佛尔哈德法测定卤素离子含量的影响。
3. 本实验溶液为什么用 HNO$_3$ 酸化？可否用 HCl 溶液或 H$_2$SO$_4$ 酸化？为什么？

实验二　可溶性钡盐中钡含量的测定（沉淀重量法）

一、实验目的

1. 学习用重量法测定钡含量的原理和方法。

2. 掌握晶形沉淀的制备、过滤、洗涤、灼烧及恒重等基本操作。

二、实验原理

$BaSO_4$ 重量法既可用于测定 Ba^{2+} 的含量，也可用于测定 SO_4^{2-} 的含量。称取一定量的 $BaCl_2 \cdot 2H_2O$，以蒸馏水溶解，加稀 HCl 溶液酸化，加热至微沸，在不断搅动的条件下，慢慢地加入稀、热的 H_2SO_4，Ba^{2+} 与 SO_4^{2-} 反应，形成晶形沉淀。沉淀经陈化、过滤、洗涤、烘干、炭化、灰化、灼烧后，以 $BaSO_4$ 形式称量。可求出 $BaCl_2 \cdot 2H_2O$ 中钡的含量。

Ba^{2+} 可生成一系列微溶化合物，如 $BaCO_3$、BaC_2O_4、$BaCrO_4$、$BaHPO_4$、$BaSO_4$ 等，其中以 $BaSO_4$ 溶解度最小，100mL 溶液中，100℃时溶解 0.4mg，25℃时仅溶解 0.25mg。当有过量沉淀剂存在时，溶解度大为减小，一般可以忽略不计。

硫酸钡重量法一般在约 $0.05mol \cdot L^{-1}$ HCl 溶液介质中进行沉淀，这是为了防止产生 $BaCO_3$、$BaHPO_4$、$BaHAsO_4$ 沉淀，以及防止生成 $Ba(OH)_2$ 共沉淀。同时，适当提高酸度，增加 $BaSO_4$ 在沉淀过程中的溶解度，可降低其相对过饱和度，有利于获得较好的晶形沉淀。

用 $BaSO_4$ 重量法测定 Ba^{2+} 时，一般用稀 H_2SO_4 作沉淀剂。为了使 $BaSO_4$ 沉淀完全，H_2SO_4 必须过量。由于 H_2SO_4 在高温下可挥发除去，故沉淀带下的 H_2SO_4 不会引起误差，因此沉淀剂可过量 50%～100%。如果用 $BaSO_4$ 重量法测定 SO_4^{2-}，沉淀剂 $BaCl_2$ 只允许过量 20%～30%，因为 $BaCl_2$ 灼烧时不易挥发除去。

$PbSO_4$、$SrSO_4$ 的溶解度均较小，Pb^{2+}、Sr^{2+} 对 Ba^{2+} 的测定有干扰。NO_3^-、ClO_3^-、Cl^- 等阴离子和 K^+、Na^+、Ca^{2+}、Fe^{3+} 等阳离子均可以引起共沉淀现象，故应严格控制沉淀条件，减少共沉淀杂质，以获得纯净的 $BaSO_4$ 晶形沉淀。

三、主要试剂和仪器

1. H_2SO_4 溶液（$1mol \cdot L^{-1}$，$0.1mol \cdot L^{-1}$）
2. HCl 溶液（$2mol \cdot L^{-1}$）
3. HNO_3 溶液（$2mol \cdot L^{-1}$）
4. $AgNO_3$ 溶液（$0.1mol \cdot L^{-1}$）
5. $BaCl_2 \cdot 2H_2O$
6. 瓷坩埚（25mL）
7. 定量滤纸（慢速或中速）
8. 沉淀帚
9. 玻璃漏斗
10. 烧杯（100mL、250mL）

四、实验步骤

1. 沉淀的制备

准确称取 2 份 0.4~0.6g $BaCl_2 \cdot 2H_2O$ 试样，分别置于 250mL 烧杯中，加入约 10mL

蒸馏水，3mL 2mol·L^{-1} HCl 溶液，搅拌溶解、加热至近沸。

另取 4mL 1mol·L^{-1} H$_2$SO$_4$ 溶液两份于 2 个 100mL 烧杯中，加入 30mL 蒸馏水，加热至近沸，趁热将 2 份 H$_2$SO$_4$ 溶液分别用小滴管逐滴地加入 2 份热的钡盐溶液中，并用玻璃棒不断搅拌，直至 2 份 H$_2$SO$_4$ 溶液加完为止。待 BaSO$_4$ 沉淀下沉后，于上层清液中加入 1~2 滴 0.1mol·L^{-1} H$_2$SO$_4$ 溶液，仔细观察沉淀是否完全。沉淀完全后，盖上表面皿（切勿将玻璃棒拿出杯外），放置过夜陈化。也可将沉淀放在水浴或沙浴上，保温 40min 陈化。

2. 沉淀的过滤和洗涤

用慢速或中速滤纸过滤，先倾泻上清液，再用稀 H$_2$SO$_4$ 溶液（用 1mL 1mol·L^{-1} H$_2$SO$_4$ 溶液加 100mL 蒸馏水配成）洗涤沉淀 3~4 次，每次约 10mL。然后将沉淀定量转移到滤纸上，用沉淀帚由上到下擦拭烧杯内壁，并用折叠滤纸时撕下的小片滤纸擦拭杯壁，并将此小片滤纸放于漏斗中，继续用稀 H$_2$SO$_4$ 溶液洗涤 4~6 次，直至洗涤液中不含 Cl$^-$ 为止（检验方法：用试管收集 2mL 滤液，加 1 滴 2mol·L^{-1} HNO$_3$ 溶液酸化，加入 2 滴 0.1mol·L^{-1} AgNO$_3$ 溶液。若无白色浑浊产生，表示 Cl$^-$ 已洗净）。

3. 空坩埚的恒重

将两只洁净的瓷坩埚放在（800±20）℃的马弗炉中灼烧至恒重。第一次灼烧 40min，第二次后每次只灼烧 20min。

4. 沉淀的灼烧和恒重

将折叠好的沉淀滤纸包置于已恒重的瓷坩埚中，经烘干、炭化、灰化[滤纸灰化时空气要充足，否则 BaSO$_4$ 易被滤纸的碳还原为灰黑色的 BaS，反应式为：

$$BaSO_4 + 4C == BaS + 4CO\uparrow$$

$$BaSO_4 + 4CO == BaS + 4CO_2\uparrow$$

如遇此情况，可用 2~3 滴（1+1）H$_2$SO$_4$ 小心加热，冒烟后重新灼烧]后，在（800±20）℃（灼烧温度不能太高，如超过 950℃，可能有部分 BaSO$_4$ 分解，BaSO$_4$ == BaO + SO$_3$↑）马弗炉中灼烧至恒重。称量，计算 BaCl$_2$·2H$_2$O 中钡的含量。

五、实验数据记录表格

表 1　钡含量的标定

编号	1	2	3
m(BaCl$_2$·2H$_2$O 试样)/g			
m_1(空坩埚)/g			
m_2(空坩埚+灼烧后试样)/g			
(m_1-m_2)/g			
w(Ba)/%			
w(Ba)平均值/%			
相对偏差/%			
相对平均偏差/%			

说明：

1. 制备沉淀时，加入 H_2SO_4 溶液要逐滴缓慢加入，并不断搅拌，以保证生成的沉淀为晶形沉淀。

2. 洗涤沉淀时，要洗至洗涤液中不含 Cl^- 为止。

六、思考题

1. 为什么要在热的 HCl 稀溶液中，且不断搅拌条件下逐滴加入沉淀剂沉淀 $BaSO_4$？盐酸加入太多有何影响？

2. 为什么要在热溶液中沉淀 $BaSO_4$，但要在冷却后过滤？晶形沉淀为何要陈化？

3. 什么叫倾泻法过滤？洗涤沉淀时，为什么用洗涤液或蒸馏水都要少量多次？

第五章
分光光度法实验

实验一 邻二氮菲分光光度法测定铁的条件试验

一、实验目的

1. 了解分光光度计的结构和使用方法。
2. 学习如何选择吸光光度分析的实验条件。

二、实验原理

在可见光区进行吸光光度测量时，如果被测组分本身颜色很浅，或者无色，那么就要用显色剂与其反应，生成有色化合物，然后进行测量。显色反应受到各种因素的影响，如溶液的酸度、显色剂的用量、有色溶液的稳定性、温度、溶剂、干扰物质等，在什么条件下进行测定需通过实验来确定。本实验将通过邻二氮菲-Fe^{2+}显色反应的几个条件试验，学习如何确定一个光度分析方法的实验条件。

条件试验的简单方法是：变动某实验条件，固定其余条件，测得一系列吸光度值，绘制吸光度某实验条件的曲线，根据曲线确定某实验条件的适宜值。

三、主要试剂和仪器

1. 铁标准溶液（1.00×10^{-3} mol·L^{-1}，0.5 mol·L^{-1} HCl 溶液） 准确称取 0.4822g $NH_4Fe(SO_4)_2·12H_2O$，置于烧杯中，加入 80mL 6mol·L^{-1} HCl 溶液和适量蒸馏水，溶解后转移至 1L 容量瓶中，用蒸馏水稀释至刻度，摇匀。

2. 邻二氮菲溶液（1.5g·L^{-1}）

3. 盐酸羟胺（$NH_2OH·HCl$）水溶液（100g·L^{-1}）

4. NaAc 溶液（1mol·L^{-1}）

5. NaOH 溶液（1mol·L^{-1}）

6. 分光光度计

7. 50mL 比色管 8 支（或容量瓶 8 个）

四、实验步骤

1. 吸收曲线的绘制

用吸量管吸取 2mL 1.00×10^{-3} mol·L^{-1} 的铁标准溶液于 50mL 比色管（或容量瓶，下同）中，加入 1mL 100g·L^{-1} 的盐酸羟胺溶液，摇匀（原则上每加入一种试剂后都要摇匀）。再加入 2mL 1.5g·L^{-1} 邻二氮菲溶液、5mL 1mol·L^{-1} 的 NaAc 溶液，用蒸馏水稀释至刻度，摇匀。放置 10min。在可见分光光度计上，用 1cm 的比色皿，以蒸馏水为参比溶液，从 450nm 至 550nm 每改变 10nm 测定一次吸光度。然后，绘制 A-λ 吸收曲线（若用紫外可见分光光度计，则在 450~550nm 之间自动扫描，测定 A-λ 吸收曲线），从吸收曲线上选择测定铁的适宜波长，一般选用最大吸收波长 λ_{max}。

2. 显色剂用量的确定

取 7 支 50mL 比色管，各加入 2mL 1.00×10^{-3} mol·L^{-1} 铁标准溶液和 1mL 100g·L^{-1} 的盐酸羟胺溶液，摇匀。分别加入 0.3mL、0.5mL、0.8mL、1.0mL、1.5mL、2.0mL、4.0mL 1.5g·L^{-1} 的邻二氮菲溶液，然后加入 5mL 1mol·L^{-1} 的 NaAc 溶液，用蒸馏水稀释至刻度，摇匀。放置 10min，在可见分光光度计（或紫外可见分光光度计）上，用 1cm 的比色皿，选择适宜（由步骤 1 所选定的）波长，以蒸馏水为参比，分别测其吸光度。在坐标纸上以加入的邻二氮菲体积（或浓度）为横坐标，相应的吸光度为纵坐标，绘制 A-$V_{显色剂}$ 曲线，确定测定过程中应加入显色剂的最佳体积。

3. 溶液酸度影响

取 8 支 50mL 比色管，各加入 2mL 1.00×10^{-3} mol·L^{-1} 的铁标准溶液，及 1mL 100g·L^{-1} 的盐酸羟胺溶液，摇匀。再加 2mL 1.5g·L^{-1} 邻二氮菲溶液，摇匀。用 5mL 吸量管分别加入 0.0mL、0.2mL、0.5mL、1.0mL、1.5mL、2.0mL、2.5mL、3.0mL 1mol·L^{-1} 的 NaOH 溶液，以蒸馏水稀释至刻度，摇匀。放置 10min，在选定的波长，用 1cm 的比色皿，以蒸馏水为参比，测其吸光度，用精密 pH 试纸测定各溶液 pH 值（也可使用 pH 值计测量）。在坐标纸上以 pH 值为横坐标，相应的吸光度为纵坐标，绘制 A-pH 曲线，找出测定铁的适宜 pH 值范围。

4. 显色时间的影响

取一支 50mL 比色管，加入 2mL 1.00×10^{-3} mol·L^{-1} 的铁标准溶液，1mL 100g·L^{-1} 的盐酸羟胺溶液，摇匀。加入 2mL 1.5g·L^{-1} 邻二氮菲溶液、5mL 1mol·L^{-1} 的 NaAc 溶液。以蒸馏水稀释至刻度，摇匀。立即在选定的波长下，用 1cm 的比色皿，以蒸馏水为参比，测定吸光度，然后测量放置 5min、10min、15min、20min、30min、60min、120min 后相应的吸光度。以时间为横坐标，吸光度为纵坐标在坐标纸上绘制 A-t 曲线，从曲线上观察显色反应完全所需的时间及其稳定性，并确定合适的测量时间。

5. 二氮菲与铁的络合比测定（摩尔比法）

取 8 支 50mL 比色管，各加入 1mL 1.00×10^{-3} mol·L^{-1} 的铁标准溶液、1mL 100g·L^{-1} 盐酸羟胺溶液，摇匀。依次加入 1.5g·L^{-1} 的邻二氮菲溶液 0.5mL、1.0mL、1.5mL、2.0mL、2.5mL、3.0mL、4.0mL、4.5mL，然后各加入 3mL 1mol·L^{-1} NaAc 溶液，用蒸馏水稀释至刻度，摇匀。放置 10min，在选定的波长下，用 1cm 的比色皿，以蒸馏水为参比，测定吸光度。以邻二氮菲与铁的浓度比 $c(Phen)/c(Fe)$ 为横坐标，吸光度 A 为纵坐

标作图,根据曲线上前后两部分延长线的交点位置,确定Fe^{2+}与邻二氮菲的络合比。

五、实验数据记录

表1 吸收曲线的绘制

波长 λ/nm								
吸光度 A								

表2 显色剂用量

编号	1	2	3	4	5	6	7	8
显色剂用量/mL								
吸光度 A								

表3 溶液酸度的影响

编号	1	2	3	4	5	6	7	8
V(NaOH)/mL								
pH 值								
吸光度 A								

表4 显色时间的影响

时间/min								
吸光度 A								

表5 邻二氮菲与铁的络合比

编号	1	2	3	4	5	6	7	8
$c(Phen)/mol \cdot L^{-1}$								
$c(Phen)/c(Fe)$								
吸光度 A								

说明:

1. 铁含量在 $0.1 \sim 5 \mu g \cdot mL^{-1}$ 范围内符合朗伯-比尔定律。

2. 绘制标准曲线一般要配制至少5个梯度的标准溶液,测出的吸光度值至少有3个点在一条直线上。

六、思考题

1. 本实验中,各种试剂溶液的量取采用何种量器较为合适?为什么?

2. 本实验中,盐酸羟胺的作用是什么?醋酸钠呢?如果测定混合铁中的亚铁含量,需要加入盐酸羟胺吗?

3. 根据条件试验,邻二氮菲分光光度法测定铁时,需控制哪些反应条件?

4. 为什么本实验可以采用蒸馏水作参比溶液?

实验二 邻二氮菲分光光度法测定微量铁

一、实验目的
1. 掌握分光光度计的使用方法。
2. 掌握用吸光光度法测定铁的原理及方法。

二、实验原理

用光度法测定铁，显色剂种类比较多，有邻二氮菲及其衍生物、磺基水杨酸、硫氰酸盐和 5-Br-PADAP 等。邻二氮菲分光光度法测定铁，由于灵敏度较高，稳定性好，干扰容易消除，因而是目前普遍采用的一种测定方法。

在 pH=2~9 的溶液中，邻二氮菲与 Fe^{2+} 反应生成稳定的橙红色络合物：

$$Fe^{2+} + 3\,\text{phen} \rightleftharpoons [Fe(\text{phen})_3]^{2+}$$

其 $\lg\beta_3 = 21.3$，摩尔吸收系数 $\varepsilon_{508} = 1.1 \times 10^4 \text{L} \cdot \text{mol}^{-1} \cdot \text{cm}^{-1}$。如果铁为三价状态，可用盐酸羟胺还原：

$$2Fe^{3+} + 2NH_2OH = 2Fe^{2+} + 2H^+ + N_2\uparrow + 2H_2O$$

邻二氮菲还能与许多金属离子形成络合物，其中有些是较稳定的（如 Cu^{2+}、Co^{2+}、Ni^{2+}、Cd^{2+}、Hg^{2+}、Mn^{2+}、Zn^{2+} 等），有些还呈不很深的颜色（如 Cu^{2+}、Co^{2+}、Ni^{2+} 等）。当这些离子少量存在时，加入足够过量的邻二氮菲，便不会影响 Fe^{2+} 的测定；当这些离子大量存在时，可用 EDTA 等掩蔽或预先分离。但 Cu^{2+} 与邻二氮菲反应生成稳定的橙红色络合物，干扰 Fe^{2+} 的测定。

三、主要试剂和仪器

1. 铁标准溶液（$100\mu g \cdot mL^{-1}$） 准确称取 0.8634g $NH_4Fe(SO_4)_2 \cdot 12H_2O$，置于烧杯中，用 20mL 6mol·L^{-1} HCl 溶液和适量蒸馏水溶解后，定量转移至 1L 容量瓶中，用蒸馏水稀释至刻度，摇匀。
2. 邻二氮菲溶液（$1.5g \cdot L^{-1}$）
3. 盐酸羟胺（$NH_2OH \cdot HCl$）水溶液（$100g \cdot L^{-1}$）
4. NaAc 溶液（$1mol \cdot L^{-1}$）
5. HCl 溶液（$6mol \cdot L^{-1}$）
6. 分光光度计
7. 比色管 7 支或容量瓶 7 个（50mL）

四、实验步骤

1. 标准曲线的绘制

用移液管吸取 10mL 100μg·mL^{-1} 铁标准溶液于 100mL 容量瓶中,用 10mL 量筒加入 2mL 6mol·L^{-1} HCl 溶液,以蒸馏水稀释至刻度。摇匀。此溶液铁的质量浓度为 10μg·mL^{-1}。

在 6 个 50mL 的比色管中,用 10mL 吸量管分别加入 0.0mL、2.0mL、4.0mL、6.0mL、8.0mL、10.0mL 10μg·mL^{-1} 铁标准溶液,各加入 1mL 100μg·mL^{-1} 盐酸羟胺,摇匀(原则上每加入一种试剂都要摇匀)。再加入 2mL 1.5g·L^{-1} 的邻二氮菲溶液和 5mL 1mol·L^{-1} 醋酸钠溶液,以蒸馏水稀释至刻度,摇匀。放置 10min 后,以试剂空白为参比,在 510nm 或所选波长下,用 1cm 的比色皿,同时测定各溶液的吸光度,绘制标准曲线(即 c-A 曲线)。

2. 试液含铁量的测定

准确吸取 5.00mL 试液(如水样或工业盐酸、石灰石及蜂蜜试样制备液等)3 份,分别置于 50mL 比色管中,各加入 1mL 100g·L^{-1} 盐酸羟胺,摇匀。再加入 2mL 1.5g·L^{-1} 的邻二氮菲溶液和 5mL 1mol·L^{-1} 醋酸钠溶液,以蒸馏水稀释至刻度,摇匀。放置 10min,以步骤 1 的试剂空白为参比,在 510nm 或所选波长下,用 1cm 的比色皿,测定各溶液的吸光度。根据吸光度找出相应的铁含量,记录相应的铁含量,计算试液中铁的质量浓度(以 mg·L^{-1} 表示)。

五、实验数据记录表格

表 1 标准曲线的绘制

铁质量浓度/mg·L^{-1}						
吸光度 A						

表 2 试液含铁量的测定

编号	1	2	3	4
吸光度 A				
铁质量浓度/mg·L^{-1}				

说明:未知铁样的测定条件应与标准曲线的测定条件相同,所以可与测定标准曲线同时进行。

六、思考题

1. 邻二氮菲测定微量铁的反应条件是什么?
2. 本实验用试剂空白作参比溶液,是不是所有吸光光度分析中都以试剂空白作参比溶液?

3. 根据实验结果,计算 Fe^{2+}-邻二氮菲络合物的摩尔吸收系数。
4. 怎样用吸光光度法测定水样中的全铁(总铁)和亚铁的含量?

实验三　食品中甜蜜素含量的测定

一、实验目的

1. 了解甜蜜素的作用及限量标准。
2. 理解甜蜜素的测定原理。

二、实验原理

甜蜜素是一种食品添加剂,更具体地说是一种高倍甜味剂,其甜度是蔗糖的 30~80 倍,而且甜度纯正、风味自然,所以目前被广泛地应用在食品加工领域,但过量食用甜蜜素会危害人体健康,因此我国规定甜蜜素的最大使用量为 $650 mg \cdot kg^{-1}$。甜蜜素在可见光区无吸收,另外也没有合适的显色剂能使甜蜜素在可见光区显色,所以不能用分光光度法直接测定。但甜蜜素具有较强的还原性,在强碱性溶液中,紫色的高锰酸钾与甜蜜素反应后,被还原为绿色的 MnO_4^{2-},高锰酸钾的浓度会随着甜蜜素含量的增加而减小,减少量与甜蜜素浓度呈线性关系。所以采用分光光度法测定剩余高锰酸钾的吸光度,从而间接测得甜蜜素的含量。

三、实验仪器及试剂

1. 72 型分光光度计
2. 电热恒温干燥箱
3. 调速多用振荡器
4. 分析天平(0.1mg)
5. 容量瓶(10mL、100mL)、吸量管(10mL)、烧杯(100mL)
6. 甜蜜素标准储备液(国家标准物质研究中心,$10.00 mg \cdot mL^{-1}$)　准确称取甜蜜素粉剂 1.000g 于小烧杯中,用蒸馏水溶解后,移入 100mL 容量瓶中,定容至刻度。
7. 甜蜜素标准溶液($1.000 mg \cdot mL^{-1}$)　取 10.00mL 甜蜜素标准储备液于 100mL 容量瓶中,定容至刻度。
8. 氢氧化钠溶液($19 mol \cdot L^{-1}$ 过饱和溶液,优级纯)
9. 高锰酸钾溶液($0.02 mol \cdot L^{-1}$)　称取 1.7g 高锰酸钾固体于 500mL 蒸馏水中,盖上表面皿,加热至沸腾并保持微沸状态 1h,冷却后滤液贮存于棕色试剂瓶中。将溶液在室温下静置 5 天后,用砂漏斗过滤备用。使用时用草酸钠基准试剂标定其准确浓度。
10. 二次蒸馏水

四、实验步骤

1. 样品前处理

（1）液体样品　摇匀后直接量取。含二氧化碳的样品先超声波处理，含酒精的样品加 $40g \cdot L^{-1}$ NaOH 溶液调至碱性，于沸水浴中加热 10min 除去乙醇，制成试样。

（2）固体样品　称取磨碎的适量固体于烧杯中，用 100mL 蒸馏水浸泡 6h，再用滤纸过滤制成试样。

2. 样品的测定

（1）标准曲线的绘制　分别取甜蜜素标准溶液（$1.000mg \cdot mL^{-1}$）0.00mL、1.00mL、2.00mL、3.00mL、4.00mL、5.00mL、6.00mL 于 10mL 容量瓶中，分别加入饱和 NaOH 溶液 1mL、少量蒸馏水、$KMnO_4$ 溶液 0.20mL，定容至刻度。摇匀后于 55℃水浴 20min 后，取出，流水冷却。用蒸馏水作参比液，用 1cm 比色皿在 500nm 波长处测标准系列吸光度，绘制甜蜜素浓度-吸光度标准曲线。

（2）样品的测定　取 10mL 容量瓶 2 个，分别加入 1mL 饱和氢氧化钠溶液、2mL 蒸馏水、0.02mL 高锰酸钾溶液，一瓶作空白，另一瓶加入一定量的试样，定容至刻度。摇匀后于 55℃恒温水浴中 20min 取出，快速冷却至室温，用蒸馏水作参比液，在 500nm 波长处测定其吸光度。按标准曲线求得甜蜜素含量。

五、实验数据记录

表 1　标准曲线的绘制

甜蜜素浓度/$mg \cdot L^{-1}$							
吸光度 A							

表 2　甜蜜素含量的测定

编号	1	2	3	4
吸光度 A				
甜蜜素含量/$mg \cdot L^{-1}$				

注：吕孝丽．分光光度法测定食品中的甜蜜素含量［J］．辽宁化工，2007，36（4）：281-284．

实验四　食品中亚硝酸盐的测定

一、实验目的

1. 明确亚硝酸盐在食品中的作用以及限量标准。
2. 掌握盐酸萘乙二胺法测定食品中亚硝酸盐的原理、操作步骤、注意事项。

二、实验原理

样品经沉淀蛋白质、除去脂肪后，在弱酸条件下，硝酸盐与对氨基苯磺酸发生重氮化反应，然后再与盐酸萘乙二胺偶合形成紫红色的染料：

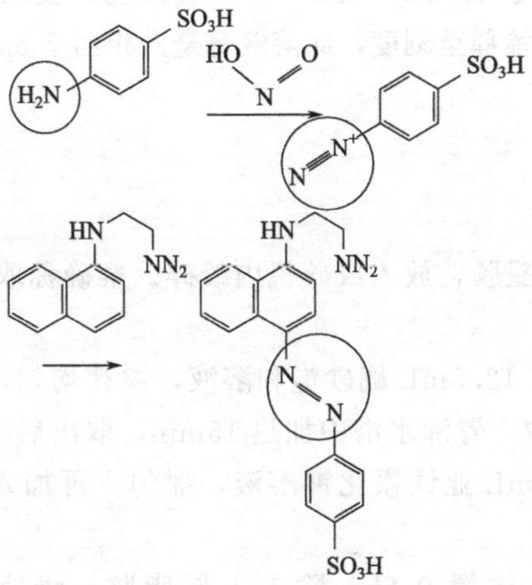

该紫红色溶液在538nm处产生吸收峰，且吸光度由于溶液浓度成正比，因此可采用分光光度法在538nm处标准系列溶液和测定待测溶液的吸光度，然后与标准系列进行比较定量分析。

三、主要仪器与试剂

1. 720型分光光度计
2. 组织绞碎机，菜刀，砧板1套
3. 烧杯　若干
4. 电炉
5. 天平（0.1g、0.1mg）
6. 容量瓶（100mL、200mL、500mL、1000mL）
7. 恒温水浴锅
8. 具塞比色管（50mL）
9. 滴管，漏斗，滤纸，吸耳球，1个/组
10. 亚铁氰化钾溶液（$0.25mol \cdot L^{-1}$）　称取106.0g亚铁氰化钾［$K_4Fe(CN)_6 \cdot 3H_2O$］，用水溶解后，稀释至1000mL。
11. 乙酸锌溶液（$0.1mol \cdot L^{-1}$）　称取22.0g乙酸锌［$Zn(CH_3COO)_2 \cdot 2H_2O$］，加3mL冰乙酸溶于水，并稀释至100mL。
12. 硼砂饱和溶液　称取5.0g硼酸钠（$Na_2B_4O_7 \cdot 10H_2O$），溶于100mL热水中，冷却后备用。
13. 对氨基苯磺酸溶液（$4g \cdot L^{-1}$）　称取0.4g对氨基苯磺酸，溶于100mL 20%的盐酸中，置棕色瓶中混匀，避光保存。分装，1瓶/大组。
14. 盐酸萘乙二胺溶液（$2g \cdot L^{-1}$，有致癌作用）　称取0.2g盐酸萘乙二胺，溶于100mL水中，避光保存。
15. 亚硝酸钠标准溶液（$0.2g \cdot L^{-1}$）　精密称取0.1000g于硅胶干燥器中干燥24h的亚硝酸钠，加水溶解移入500mL容量瓶中，并稀释至刻度。此溶液1mL相当于200μg亚硝

酸钠。

16. 亚硝酸钠标准使用液（$0.2\mu g \cdot mL^{-1}$）　临用前，吸取亚硝酸钠标准溶液 5.00mL，置于 200mL 容量瓶中，加水稀释至刻度，此溶液每毫升相当于 $5\mu g$ 亚硝酸钠。

四、实验步骤

1. 样品的处理

（1）取样　取适量的火腿肠，放入绞碎机内绞碎。准确称取 5.0g 经绞碎、混匀的样品，置于 50mL 烧杯中。

（2）沉淀蛋白质　① 加 12.5mL 硼砂饱和溶液，搅拌均匀，以 70℃左右的水约 300mL 将样品洗入 500mL 容量瓶中，置沸水浴中加热 15min，取出后冷却至室温。

② 一边转动一边加入 5mL 亚铁氰化钾溶液，摇匀，再加入 5mL 乙酸锌溶液，以沉淀蛋白质。

（3）过滤　加水定容，放置 0.5h，除去上层脂肪，清液用滤纸过滤，弃去初滤液 30mL，滤液备用。

2. 标准曲线的绘制

精密吸取 0.00mL、0.20mL、0.40mL、0.60mL、0.80mL、1.00mL、1.50mL、2.00mL、2.50mL 亚硝酸钠标准使用液（相当于 $0\mu g$、$1\mu g$、$2\mu g$、$3\mu g$、$5\mu g$、$7\mu g$、$10\mu g$、$12.5\mu g$ 亚硝酸钠），分别置于 50mL 比色管中，各加 2mL 对氨基苯磺酸溶液（$4g \cdot L^{-1}$），混匀，静置 3～5min 后各加入 1mL $2g \cdot L^{-1}$ 盐酸萘乙二胺溶液，加水至刻度，混匀，静置 15min，以试剂空白为参比调节零点，于波长 538nm 处测吸光度 A，绘制标准曲线。

3. 试样的测定

精密吸取 40.0mL 样液于 50mL 比色管中，按标准曲线测定方法依次加入其他试剂。加水稀释至刻度，混匀，静置 15min，以试剂空白为参比调节零点，于波长 538nm 处测吸光度 A。同时做试剂空白实验。

五、实验数据记录

表 1　亚硝酸盐浓度-吸光度

序号	0	1	2	3	4	5	6	7	8	样液
亚硝酸钠含量/μg										
A_{538}										

六、数据处理

按下式计算亚硝酸盐含量：

$$X = \frac{m_1}{m \times \frac{V_1}{V_2} \times 1000} \times 1000$$

式中　X——试样中亚硝酸盐的含量，$mg \cdot kg^{-1}$；

V_1——测定时所取溶液体积，mL；
V_2——试样处理液总体积，mL；
m——试样质量，g；
m_1——试样测定液中亚硝酸盐的质量，μg。

表 2 部分食品中亚硝酸盐的限量标准（以 $NaNO_2$ 计）

品名	限量标准/mg·kg^{-1}
食盐(精盐)、牛乳粉	≤2
香肠(腊肠)、香肚、酱腌菜、广式腊肉	≤20
鲜肉类、鲜鱼类、粮食	≤3
肉制品、火腿肠、灌肠类	≤30
蔬菜	≤4
其他肉类罐头、其他腌制罐头	≤50
婴儿配方乳粉、鲜蛋类	≤5
西式蒸煮、烟熏火腿及罐头、西式火腿罐头	≤70

第六章
设计实验及综合实验

实验一 酸碱滴定设计实验

一、实验目的

1. 通过实验设计及实验操作，进一步熟悉和巩固有关酸碱滴定知识和实验操作技能。
2. 通过实验设计及实验操作培养学生独立思考、独立分析问题、解决问题和独立实验操作的能力。
3. 学习查阅参考文献及书写实验总结报告。
4. 考查学生应用知识的灵活性及完成实验的严谨性。

二、设计内容

实验方案的设计应包括方法原理、试剂及试剂配制、标准溶液的配制和标定、指示剂的选择、所需仪器、取样量的确定、固体试样的溶样方法、具体的分析步骤以及分析结果的计算等。

三、设计实验备选题

1. 硅酸盐试样中 SiO_2 含量的测定

(1) 实验原理 通常采用费时较长的重量法，也可采用氟硅酸钾滴定法，硅酸盐试样经 KOH 熔融分解后，转化为可溶性硅酸盐。它在强酸介质中与 KF 形成难溶的氟硅酸钾：

$$2K^+ + SiO_3^{2-} + 6F^- + 6H^+ \rightleftharpoons K_2SiF_6 \downarrow + 3H_2O$$

沉淀溶解度较大，沉淀时需加入固体 KCl 降低其溶解度。将生成的 K_2SiF_6 沉淀滤出，加入沸蒸馏水使之水解，所产生的 HF 可用标准碱溶液滴定，反应为：

$$K_2SiF_6 + 3H_2O \rightleftharpoons 2KF + H_2SiO_3 + 4HF$$

由于生成的 HF 对玻璃有腐蚀作用，因此操作必须在塑料容器中进行。

(2) 参考文献 华东理工大学. 分析化学实验. 上海：华东理工大学出版社，1997：52-54.

2. 矿渣中三氧化二硼的测定

(1) 实验原理 硼酸酸性极弱（$K_a^{\ominus} = 5.8 \times 10^{-10}$），不能直接用碱滴定。但硼酸与甘

油、甘露醇等形成稳定的络合物，从而增加硼酸在水中的解离，使硼酸转变为中强酸。反应式为：

$$2\begin{matrix}H\\R-C-OH\\R-C-OH\\H\end{matrix} + H_3BO_3 \rightleftharpoons H\left[\begin{matrix}H & & H\\R-C-O & & O-C-R\\ & B & \\R-C-O & & O-C-R\\H & & H\end{matrix}\right] + 3H_2O$$

该络合物的 $pK_a^{\ominus}=4.26$，可用 NaOH 标准溶液准确滴定，滴定反应为：

$$H\left[\begin{matrix}H & & H\\R-C-O & & O-C-R\\ & B & \\R-C-O & & O-C-R\\H & & H\end{matrix}\right] + NaOH = Na\left[\begin{matrix}H & & H\\R-C-O & & O-C-R\\ & B & \\R-C-O & & O-C-R\\H & & H\end{matrix}\right] + H_2O$$

此反应是等物质的量进行，化学计量点的 pH 值约为 9.2，可选酚酞或百里酚蓝为指示剂。

硼镁矿中含有一定量的铁，尤其是在制取硼酸后的矿渣中，含有较多的铁干扰三氧化二硼的测定，须在测定前先分离除去，加过氧化氢溶液可使溶液中的 Fe^{2+} 变成 Fe^{3+}，加碳酸钙粉末可使 Fe^{3+} 全部转变成碳酸铁沉淀而析出，通过过滤除去铁杂质。

(2) 参考文献　周兴华. 理化检验. 化学分册，2000，36 (10)：473.

3. 混合磷酸盐中 Na_3PO_4 和 Na_2HPO_4 含量的测定（双指示剂法）

测定混合磷酸盐中的磷酸钠和磷酸氢二钠时，可以采用双指示剂法进行测定。首先在混合试液中加入百里酚酞作为指示剂，用 HCl 标准溶液滴定至百里酚酞的蓝色刚好消失为终点，滴定剂体积为 V_1，此时 HCl 刚把体系中的磷酸钠全部中和为磷酸氢二钠。再加入甲基橙作指示剂，继续用 HCl 标准溶液滴定至橙色为终点，滴定剂体积为 V_2。V_2 是滴定磷酸氢二钠所消耗的 HCl 体积。然后根据体积数计算出两者含量。

4. $NaOH$-Na_3PO_4 混合溶液中 NaOH 与 Na_3PO_4 浓度的测定

采用双指示剂法，以酚酞（百里酚酞）为指示剂，用 HCl 标准溶液将 NaOH 滴定至 NaCl，PO_4^{3-} 水解与 H^+ 结合生成 HPO_4^{2-}（V_1）。再以甲基橙为指示剂，用 HCl 标准溶液将 HPO_4^{2-} 滴定至 $H_2PO_4^-$（V_2）。滴定 PO_4^{3-} 消耗的 HCl 标准溶液的体积为 $2V_2$，滴定 NaOH 消耗的 HCl 标准溶液的体积为 (V_2-V_1)。

5. NH_3-NH_4Cl 混合溶液中 NH_3 与 NH_4^+ 含量的测定

用甲基红为指示剂，以 HCl 标准溶液滴定 NH_3 至 NH_4^+ 测定 NH_3 含量。溶液中加入甲醛法将 NH_4^+ 强化，以酚酞为指示剂用 NaOH 标准溶液滴定测定 NH_4^+ 含量。

6. HCl-NH_4Cl 混合溶液中 HCl 与 NH_4Cl 浓度的测定

用甲基红为指示剂，以 NaOH 标准溶液滴定 HCl 溶液至 NaCl，甲醛法强化 NH_4^+，酚酞为指示剂，用 NaOH 标准溶液滴定。

7. H_3BO_3-$Na_2B_4O_7$ 混合溶液中 H_3BO_3 与 $Na_2B_4O_7$ 浓度的测定

以甲基红为指示剂，用 HCl 标准溶液滴定 $Na_2B_4O_7$ 至 H_3BO_3，加入甘油或甘露醇强化 H_3BO_3 后，用 NaOH 滴定总量，差减法求出原试液中的 H_3BO_3 含量。

实验二 氧化还原滴定设计实验

一、实验目的

1. 巩固相关的重要氧化还原反应的知识。
2. 对滴定前试样的预先氧化还原处理方法和过程有一定了解。
3. 对较复杂试样中某些组分的氧化还原滴定能设计出可行的实验方案。

二、设计内容

实验方案的设计应包括方法原理、试剂及试剂配制、标准溶液的配制和标定、指示剂的选择、所需仪器、取样量的确定、固体试样的溶样方法、具体的分析步骤以及分析结果的计算等。

三、设计实验备选题

1. 注射液中葡萄糖含量的测定

在碱性溶液中，I_2 在 NaOH 溶液中生成碘酸钠 $NaIO_3$ 和 NaI，$NaIO_3$ 能定量地将葡萄糖（$C_6H_{12}O_6$）氧化成葡萄糖酸（$C_6H_{12}O_7$），过量的碘酸钠 $NaIO_3$，溶液酸化后，IO_3^- 又与 I^- 作用析出 I_2，用 $Na_2S_2O_3$ 标准溶液滴定析出的 I_2，由此可计算出 $C_6H_{12}O_6$ 的含量。

2. 胱氨酸含量的测定

在酸性溶液中，BrO_3^- 与 Br^- 发生反应生成 Br_2，胱氨酸在强酸性介质中被 Br_2 氧化，待反应完全后，过量的 Br_2 可通过加入过量的 KI 还原，析出的 I_2 再用 $Na_2S_2O_3$ 标准溶液滴定。

3. 水中溶解氧（DO）的测定

水中溶解氧在碱性介质中可将 $Mn(OH)_2$ 氧化为棕色的 $MnO(OH)_2$，后者在酸性介质中溶解并能与 I^- 定量作用产生 I_2，析出来的 I_2 则可用 $Na_2S_2O_3$ 标准溶液滴定。

4. 不锈钢中铬含量的测定

钢样用酸溶解后，铬以三价离子的形式存在，在酸性溶液中以 $AgNO_3$ 作催化剂，用过硫酸铵可将其氧化为 $Cr_2O_7^{2-}$，然后可用硫酸亚铁铵标准溶液滴定产生的 $Cr_2O_7^{2-}$ 从而得知试样中铬的含量。为了检验 Cr^{3+} 是否已被定量地氧化，可在被测溶液中加入少量 Mn^{2+} 当溶液中出现 MnO_4^- 的颜色时，表明 Cr^{3+} 已被全部氧化，此时需再向溶液中加入少量 HCl 溶液。煮沸，以还原所生成的 MnO_4^-。

5. 锰铁合金中锰和铁含量的测定

试样经加 H_3PO_4 和 $HClO_4$ 并加热溶解后，其中的铁和锰分别以 Fe^{3+} 和 Mn^{3+} 形式存在。冷却后向试液中加适量蒸馏水，用 $FeSO_4$ 标准溶液滴至浅粉色，加几滴二苯胺磺酸钠指示剂，继续用 $FeSO_4$ 溶液滴至紫色，由此可得知锰的含量。在上述滴过 Mn^{3+} 的溶液中加浓 H_2SO_4 加热近沸，滴加 $SnCl_2$ 至浅绿色，过量 2 滴，再加适量蒸馏水和几滴甲基橙，用 $K_2Cr_2O_7$ 标准溶液滴定铁。

6. HCOOH 与 HAC 混合液中各组分含量的测定

以酚酞为指示剂，用 NaOH 溶液滴定总酸量，在强碱性介质中向试样溶液中加入过量 $KMnO_4$ 标准溶液，此时甲酸被氧化为 CO_2，MnO_4^- 还原为 MnO_4^{2-}，并歧化生成 MnO_4^- 及 MnO_2。加酸，加入过量的 KI 还原过量部分的 MnO_4^- 及歧化生成的 MnO_4^- 和 MnO_2 至 Mn^{2+}，再以 $Na_2S_2O_3$ 标准溶液滴定析出的 I_2。

7. PbO-PbO₂ 混合物中各组分含量的测定

加入过量 $H_2C_2O_4$ 标准溶液使 PbO_2 还原为 Pb^{2+}，用氨水中和溶液，Pb^{2+} 定量沉淀为 PbC_2O_4，过滤。滤液酸化后，以 $KMnO_4$ 标准溶液滴定。沉淀以酸溶解后再以 $KMnO_4$ 标准溶液滴定。

8. 含 Cr₂O₃ 和 MnO₂ 矿石中 Cr 及 Mn 的测定

以 Na_2O_2 熔融试样，得到 MnO_4^{2-} 及 CrO_4^{2-}，煮沸除去过氧化物，酸化溶液 MnO_4^{2-} 歧化为 MnO_4^- 和 MnO_2。过滤除去 MnO_2，溶液中加入过量 $FeSO_4$ 标准溶液还原 CrO_4^{2-} 和 MnO_4^-，过量的 $FeSO_4$ 用 $KMnO_4$ 标准溶液滴定。

9. As₂O₃ 与 As₂O₅ 混合物中各组分含量的测定

将试样处理为 AsO_3^{3-} 与 AsO_4^{3-} 的溶液，调节溶液为弱碱性。以淀粉为指示剂，用 I_2 标准溶液滴定 AsO_3^{3-} 至溶液变蓝色为终点。再将该溶液用 HCl 溶液调节至酸性并加入过量 KI 溶液，AsO_4^{3-} 将 I^- 氧化至 I_2，用 $Na_2S_2O_3$ 滴定析出的 I_2，直到终点。

10. 广谱消毒剂中过氧乙酸的测定

在酸性条件下，可以采用间接碘量法测定广谱消毒剂中过氧乙酸的含量。反应方程式如下：

$$2I^- + 2H^+ + CH_3COOOH \Longrightarrow CH_3COOH + H_2O + I_2$$
$$I_2 + 2Na_2S_2O_3 \Longrightarrow 2NaI + Na_2S_4O_6$$

在碘瓶中加入试液摇匀后，立刻用 $KMnO_4$ 溶液滴至粉红色（30s 不褪色），以消除 H_2O_2 的干扰，再加 1g KI，密塞，摇匀，置暗处 5min，加钼酸铵 2mL，摇匀，用 $Na_2S_2O_3$ 溶液滴至淡黄。加淀粉指示液 1mL，继续用 $Na_2S_2O_3$ 溶液滴至蓝色刚消失为终点。

实验三 络合滴定法设计实验

一、实验目的

1. 培养学生运用络合滴定理论解决实际问题的能力，并通过实验加深对理论知识的理解。
2. 提高学生研读参考资料和撰写实验报告的能力。

二、设计内容

实验方案的设计应包括方法原理、试剂及试剂配制、标准溶液的配制和标定、指示剂的选择、所需仪器、取样量的确定、固体试样的溶样方法、具体的分析步骤以及分析结果的计算等。

三、设计实验备选题

1. 硫酸铝中铝和硫的测定

试样用稀盐酸或稀硝酸溶解，用返滴定法测定铝；在测定硫时，在测定铝后的试样中加过量 $BaCl_2$ 溶液后，再用 EDTA 返滴定多余的 Ba^{2+}。

2. Bi^{3+}-Fe^{3+} 混合液中 Bi^{3+} 和 Fe^{3+} 浓度的测定

这两种离子与 EDTA 的络合物的稳定常数差不多，不能通过控制酸度对它们进行分别滴定。可先滴定总量，再用氧化还原掩蔽法掩蔽 Fe^{3+} 后，滴定 Bi^{3+}。

3. 酸雨中硫酸根浓度的测定（EDTA 法）

用过量 Ba^{2+} 沉淀硫酸根，再用 EDTA 返滴定过量的 Ba^{2+}，滴定时可加少量 MgY 使终点变色较灵敏。

4. Mg-EDTA 混合液中各组分浓度的测定

可用 Zn^{2+} 或者 EDTA 标准溶液先滴定溶液中过量的 EDTA 或 Mg^{2+}，再在较高酸度下用 Zn^{2+} 滴定 MgY 的浓度。

5. 铅锡合金中的 Pb、Sn 的测定

Pb^{2+}、Sn^{2+} 可以与 EDTA 形成稳定的配合物，络合物的稳定常数分别为：$\lg K_{PbY} = 18.04$、$\lg K_{SnY} = 22.11$，两者的稳定常数差 4 个数量级，不能采用控制酸度法进行滴定。

将合金试样用 HCl 溶解，加入过量 EDTA 后，Pb^{2+}、Sn^{2+} 均与 EDTA 形成稳定的配合物，剩余的 EDTA 用 Pb^{2+} 标准溶液进行滴定，采用二甲酚橙作为指示剂，滴定至溶液由亮黄色变为紫红色。然后加入足量 NH_4F，加热至 40℃ 左右，与 Sn^{2+} 络合的 EDTA 被释放，再用 Pb^{2+} 标准溶液进行滴定，滴定至溶液由亮黄色变为紫红色，即为测定 Sn^{2+} 的终点。

实验四 沉淀滴定法设计实验

一、实验目的

1. 使学生在沉淀滴定等基本操作训练的基础上，进一步熟悉和巩固有关知识和实验操作技能。
2. 培养学生独立操作、独立分析问题和解决问题的能力。
3. 学习查阅参考文献及书写实验总结报告。

二、设计内容

实验方案的设计应包括方法原理、试剂及试剂配制、标准溶液的配制和标定、指示剂的选择、所需仪器、取样量的确定、固体试样的溶样方法、具体的分析步骤以及分析结果的计算等。

三、设计方案：食用酱油中 NaCl 含量的测定

利用莫尔法实验原理进行测定。

实验五　分光光度法设计实验

一、实验目的

1. 巩固分光光度法的有关知识。
2. 对分析前试样的预处理方法和过程有一定了解。
3. 对较复杂试样中某些组分的测定能设计出可行的实验方案。

二、设计内容

实验方案的设计应包括方法原理、试剂及试剂配制、标准溶液的配制和标定、指示剂的选择、所需仪器、取样量的确定、固体试样的溶样方法、具体的分析步骤以及分析结果的计算等。

三、设计实验备选题

1. 铬天青 S 分光光度法测定微量铝

铬天青 S 是一种酸性染料，Al^{3+} 与铬天青 S 在弱酸性溶液中生成红色的二元络合物，最大吸收波长为 545nm，摩尔吸光系数 $\varepsilon = 4 \times 10^4 L \cdot mol^{-1} cm^{-1}$，可以采用分光光度法对溶液中 Al^{3+} 的进行测定。

2. 考马斯亮蓝分光光度法测定蛋白质含量

考马斯亮蓝染料在游离状态下呈红色，最大吸收波长为 488nm，在酸性溶液中的最大吸收波长为 465nm，与蛋白质中的碱性氨基酸和芳香族氨基酸残基结合后，最大吸收波长变为 595nm，溶液的颜色由棕黑色变为蓝色，其蓝色溶液的吸光度与蛋白质含量成正比，因此可用于蛋白质含量的测定。

实验六　大豆中钙、镁、铁含量的测定（综合实验）

一、实验目的

1. 掌握滴定分析法、分光光度法等分析测试方法的综合运用。
2. 了解大豆样品分解的处理方法，掌握大豆中钙、铁和镁的测定方法。
3. 掌握样品中干扰排除等实验技术。

二、实验原理

大豆原产于我国，各地均有种植。东北是我国大豆的主要产区，占全国大豆产量的一半以上。大豆的品种很多，根据豆皮颜色可分为黄、青、黑褐色大豆，以黄色为主。大豆营养价值很高，用途广泛，可作为油料、粮食、副食品、饲料和工业原料等，在国民经济中占有重要的地位。大豆中除了含有蛋白质等营养元素外，无机盐的含量也十分丰富，如 100g 大豆中含有钙 367mg、镁 173mg、铁 11mg、磷 571mg 和钾 1810mg 等。因此大豆（包括杂豆）还是一种难得的高钾、高镁和低钠食品，这对补充人体微量元素有很大好处。例如，在我国生活条件较差的广大农村常常流行一种低血钾软病，轻则四肢酸软无力，劳动能力减退，重则四肢完全不能动弹，呈瘫痪状态，严重者可因此呼吸停止而死亡。本病的主要原因是饮食中钾、镁不足而钠（食盐）过高。所以在一些大工地的伙食主管部门和其他集体伙食单位都应注意每天搭配些豆类（如豆饭、豆包、豆汤、豆腐等）以保障劳动者的健康，弥补在日常食物中钾和镁的含量不足的问题。

大豆经粉碎灼烧、盐酸提取后用配位滴定法，以 EDTA 为滴定剂，在碱性条件下以钙指示剂指示终点，测定钙的含量；另取一份溶液控制 pH=10，以铬黑 T 为指示剂，可测定钙、镁总量。样品中铁等元素的干扰可用适量的三乙醇胺掩蔽消除。可用邻二氮菲光度法测定铁的含量。

$$w(\mathrm{Ca}) = \frac{c(\mathrm{EDTA}) \times V_2(\mathrm{EDTA}) \times M(\mathrm{Ca})}{m_s \times \dfrac{20.00}{250.00}} \times 100\%$$

$$w(\mathrm{Mg}) = \frac{c(\mathrm{EDTA}) \times (V_1 - V_2)(\mathrm{EDTA}) \times M(\mathrm{Mg})}{m_s \times \dfrac{20.00}{250.00}} \times 100\%$$

式中　V_1——样品中钙、镁总量所消耗的 EDTA 标准溶液体积，mL；

V_2——样品中钙含量所消耗的 EDTA 标准溶液体积，mL；

m_s——称取大豆试样的质量，g。

三、仪器与试剂

1. 电子天平（0.1mg）

2. 分光光度计（72 型）

3. 高温炉，煤气灯

4. 蒸发皿，比色皿，烧杯，表面皿，量筒，移液管，容量瓶（250mL），锥形瓶（250mL），酸式滴定管（50mL）

5. EDTA 溶液（0.005mol·L^{-1}）

6. NaOH 溶液（20%）

7. NH_3-NH_4Cl 缓冲溶液（pH=10）

8. 三乙醇胺溶液（1:3）

9. HCl 溶液（1:1）

10. 钙指示剂（按 1:100 与固体氯化钠混合研成粉末）

11. 铁标准溶液（100μg·mL^{-1}）

12. 邻二氮菲溶液（0.159%）

13. 盐酸羟胺溶液（10%）

14. NaAc 溶液（1mol·L^{-1}）

15. $CaCO_3$（基准物质）

16. 铬黑 T（1g·L^{-1}，称取 0.1g 铬黑 T 溶于 75mL 三乙醇胺和 25mL 乙醇中）

四、实验步骤

1. 样品制备

在市场上购买的大豆用粉碎机粉碎后,称取 10~15g 置于蒸发皿中,在煤气灯或电热板上炭化完全,置于高温炉中于 650℃ 灼烧 1~2h。取出冷却后,加入 10mL 1∶1 HCl 溶液浸泡 20min,并不断搅拌、静止沉降,过滤。用 250mL 容量瓶承接,用蒸馏水洗沉淀、蒸发皿数次并定容。摇匀,待用。

2. EDTA 标准溶液的标定

称取 0.10~0.12g(称至 ±0.0001mg)基准物质 $CaCO_3$ 置于小烧杯中,用少量蒸馏水润湿,盖上表面皿,从烧杯嘴处往烧杯中滴加 5mL 1∶1 HCl 溶液,使 $CaCO_3$ 完全溶解,加蒸馏水 50mL,微沸几分钟以除去 CO_2,冷却后用蒸馏水冲洗烧杯内壁和表面皿,定量转移至 250mL 容量瓶中并定容,摇匀。

用移液管移取钙标准溶液 20.00mL 于锥形瓶中,加蒸馏水至 100mL,加 5~6mL 20% NaOH 溶液,加少许钙指示剂,用 EDTA 标准溶液滴定溶液由紫红色变为蓝色为终点,计算 EDTA 溶液的浓度。平行标定 3 份。

3. 样品分析

(1) 钙镁含量测定　用移液管移取待测溶液 20.00mL 于锥形瓶中,加 5mL 1∶3 三乙醇胺,加蒸馏水至 100mL,加 15mL pH=10 的氨性缓冲溶液、2 滴铬黑 T 指示剂,用 EDTA 标准溶液滴定溶液由紫红色变为蓝色为终点,记下所消耗的 EDTA 标准溶液的体积 V_1,平行测定 3 份。

(2) 钙含量测定　用移液管移取待测溶液 20.00mL 于锥形瓶中,加 5mL 1∶3 三乙醇胺,加蒸馏水至 100mL,加 5~6mL 20% NaOH 溶液,加少许钙指示剂,用 EDTA 标准溶液滴定溶液由红色变为蓝色为终点,记下所消耗的 EDTA 标准溶液的体积 V_2,平行测定 3 份,计算大豆样品中钙含量。

4. 铁含量测定

(1) 标准曲线的制作　在 6 个 25mL 容量瓶中,用吸量管分别加入 0.00mL、0.20mL、0.40mL、0.60mL、0.80mL、1.00mL 100$\mu g \cdot mL^{-1}$ 铁标准溶液,分别加入 1mL 盐酸羟胺溶液、2mL 邻二氮菲溶液、5mL NaAc 溶液。每加入一种试剂都要摇匀,用蒸馏水稀释到刻度,放置 10min,用 1cm 比色皿,以试剂空白为参比,测量各溶液的吸光度。以铁含量为横坐标,以吸光度为纵坐标绘制工作曲线。

(2) 铁含量测定　准确移取大豆样品溶液 10.00mL 于容量瓶中,以下按标准曲线操作步骤显色,测定其吸光度,在工作曲线上查出大豆样品中铁的含量。

五、实验数据记录

表格由学生设计。

说明:

1. EDTA 标准溶液如用其他基准物质标定,会存在方法误差。
2. 钙含量测定时,加入 NaOH 的量要保证 Mg^{2+} 沉淀完全,否则会产生误差。

六、思考题

1. 测量前为什么要将大豆粉碎？
2. 测定钙的含量和钙、镁总量时应如何控制溶液的 pH 值？
3. 标定 EDTA 标准溶液时，还可用什么物质作基准物？

实验七　奶粉中蛋白质含量的测定（综合实验）

一、实验目的：

1. 了解凯式定氮法的基本原理。
2. 学会有机化合物中氮含量的测定。

二、实验原理

蛋白质为复杂的含氮有机化合物，由各种氨基酸以肽键连接而成，所含元素主要是碳、氢、氧、氮和硫等。各类食物的蛋白质含量很不均衡，因此，蛋白质含量是评价食物营养价值的重要指标要指标之一。

蛋白质的测定方法很多，例如总氮量法、福林-酚试剂法、双缩脲法、紫外吸收光度法，以及近年来发展的专用蛋白质分析仪。经典的凯式定氮法具有快速、简便、对设备要求不高等优点，仍然是食品分析、饲料分析、种子测定以及营养研究和生化研究中应用最广泛且具足够精确度的简便分析法。但是该方法也有其局限性。因为凯氏定氮法测出的是有机化合物中氮的总含量，而非一定是蛋白质中的氮。我国曾经出现过的低蛋白质的假冒伪劣奶粉事件，就是利用了凯氏定氮法的这一缺陷。由此可见，研究、发展和创新分析方法而为人类造福是分析工作者义不容辞的责任，任重而道远。

蛋白质中的氮在浓硫酸、硫酸钾和硫酸铜的作用下，加热消化，使蛋白质分解，分解生成的氮与硫酸结合生成硫酸铵。在凯氏定氮装置中硫酸铵与碱作用生成氨气，通过蒸馏使氨气逸出，吸收于硼酸溶液中，然后再用盐酸标准溶液滴定，反应式如下：

$$RCH(NH_2)COOH \xrightarrow{\triangle,浓硫酸} NH_3 + CO_2 + H_2O$$
$$2NH_3 + H_2SO_4 = (NH_4)_2SO_4$$
$$NH_4^+ + OH^- = NH_3\uparrow + H_2O$$
$$NH_3 + H_3BO_3 = NH_4^+ + H_2BO_3^-$$
$$H_2BO_3^- + H^+ = H_3BO_3$$

根据滴定所消耗盐酸的体积计算试样的含氮总量。再乘以换算因数，即为蛋白质含量。

各种食品蛋白质换算因数稍有差别，例如乳类为 6.38，大米为 5.95，花生为 5.46。测定这些食品中的蛋白质时，应将测定的氮含量乘以各自的换算因数。

三、试剂与仪器

1. 浓 H_2SO_4

2. K_2SO_4（固体）
3. $CuSO_4 \cdot 5H_2O$（固体）
4. NaOH 溶液（50%）
5. H_3BO_3 溶液（2%）
6. HCl 标准溶液（$0.05 mol \cdot L^{-1}$）
7. $(NH_4)_2SO_4$ 标准溶液（$0.0200 mol \cdot L^{-1}$）
8. 甲基红（0.2%乙醇溶液）
9. 甲基红-亚甲基蓝混合指示剂（或甲基红-溴甲酚绿混合指示剂）
10. 凯式烧瓶 2 个（100mL）
11. 凯式定氮装置
12. 移液管 2 支（10mL）
13. 酸式滴定管（10mL）

四、实验步骤

1. 试样的消化

准确称取奶粉试样 0.5g 置于干燥的 100mL 凯式烧瓶内，加入 5g K_2SO_4、0.4g $CuSO_4 \cdot 5H_2O$ 及 15mL 浓 H_2SO_4，再放入几粒玻璃珠防止暴沸。缓慢加热，尽量减少泡沫产生，防止溶液外溅，使试样全部浸于 H_2SO_4 溶液内。待泡沫消失后再加大火力，保持瓶内液体微沸，至液体呈蓝绿色澄清透明后，再继续加热约 0.5h，然后冷却至室温。沿瓶壁加入 50mL 水溶解盐类，冷却后定量转移至 100mL 容量瓶中，用水稀释至刻线，摇匀。

2. 蒸馏

按图 1 装好凯式定氮装置。向蒸汽发生瓶的水中加入数滴甲基红指示剂、几滴浓 H_2SO_4 及数粒沸石，在整个蒸馏过程中需保持此液为橙红色，否则应补充浓 H_2SO_4。吸收液是 20mL 2% H_3BO_3 溶液，其中加入 2 滴混合指示剂，接收时要使冷凝管下口浸入吸收液的液面之下。

移取 10.00mL 试样消化液，从进样口注入反应室内，用少量水冲洗进样口，然后加入 10mL 50% NaOH 溶液，立即盖严塞子，以防止 NH_3 逸出。从开始回流计时，蒸馏 4min，移动冷凝管下口使其脱离吸收液，再蒸馏 1min，用水冲洗冷凝管下口，洗液流入吸收瓶内。

3. 滴定分析

用 $0.05 mol \cdot L^{-1}$ HCl 标准溶液滴定吸收液至变成暗红色为终点。以相同的操作再做一次空白试验，计算奶粉中蛋白质的含量。

五、实验数据记录

表格由学生设计。

说明：

1. 消化试样要在通风橱中进行，烧瓶应预先洗净并进行干燥，加入试样时要防止黏附

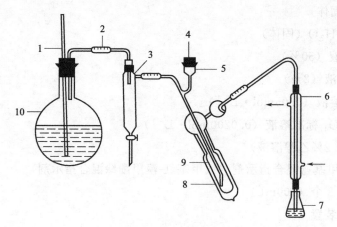

图 1　凯氏定氮装置

1—安全管；2—导管；3—汽水分离器；4—塞子；5—进样口；6—冷凝管；
7—吸收瓶；8—隔热液套；9—反应管；10—蒸汽发生瓶

在瓶颈内壁上。

2. 蒸馏时向反应室加 NaOH 的动作要快，防止 NH_3 逸出。

3. 蒸馏过程中火力要均匀，不得中途停火。

4. 在测定试样前（可在消化试样过程中），应先用标准 $(NH_4)_2SO_4$ 做氮回收率的测定，以验证仪器、试剂及操作方面的可靠性，氮回收率应在 95%～105%。

5. 空白试验消耗 HCl 标准溶液的量很少时，可以忽略不计。

六、思考题

1. 凯式定氮法的原理是什么？

2. 消化试样时，加入 K_2SO_4 和 $CuSO_4 \cdot 5H_2O$ 的作用是什么？K_2SO_4 加入量是否越多越好？为什么？

3. 为什么用 H_3BO_3 溶液作为吸收液？它对后面的测定有无影响？用 HAc 作为吸收液可以吗？为什么？

实验八　硅酸盐水泥中 SiO_2、Fe_2O_3、Al_2O_3、CaO 和 MgO 含量的测定（综合实验）

一、实验目的

1. 学习复杂物质分析的方法。
2. 掌握尿素均匀沉淀法的分离技术。

二、实验原理

水泥主要由硅酸盐组成，分为硅酸盐水泥（熟料水泥）、普通硅酸盐水泥（普通水泥)、矿渣硅酸盐水泥（矿渣水泥）、火山灰质硅酸盐水泥（火山灰水泥）、粉煤灰硅酸盐水泥（煤灰水泥）等。水泥熟料是由水泥生料经 1400℃以上高温灼烧而成，硅酸盐水泥由水泥熟料加入适量石膏而成，其成分与水泥熟料相似，可按水泥熟料化学分析法进行测定。

水泥熟料、未掺混合材料的硅酸盐水泥、碱性矿渣水泥等可采用酸分解，不溶物含量较高的水泥熟料、酸性矿渣水泥、火山灰水泥等酸性氧化物含量较高的物质可采用碱熔融。本实验采用的硅酸盐水泥一般较易被酸所分解。

SiO_2 可采用容量法或重量法测定，生产上 SiO_2 的快速分析常采用氟硅酸钾容量法，因使硅酸凝聚所用物质的不同，重量法又分为盐酸干涸法、动物胶法、氯化铵法等，本实验采用氯化铵法。将试样与 7~8 倍固体 NH_4Cl 混匀后，用 HCl 溶液分解试样，再加 HNO_3 溶液将 Fe^{2+} 氧化为 Fe^{3+}，经过滤洗涤得到的 $SiO_2 \cdot nH_2O$ 沉淀在瓷坩埚中于 950℃灼烧至恒重。本法测定结果较标准法偏高 0.2%，若改用铂坩埚在 1100℃灼烧至恒重经氢氟酸处理后，测定结果与标准法的误差小于 0.1%。

如果不测定 SiO_2，则试样经 HCl 溶液分解、HNO_3 溶液氧化后，用均匀沉淀法使 $Fe(OH)_3$、$Al(OH)_3$ 与 Ca^{2+}、Mg^{2+} 分离。以磺基水杨酸为指示剂，用 EDTA 络合滴定 Fe^{3+}；以 PAN 为指示剂，用 $CuSO_4$ 标准溶液返滴定法测定 Al^{3+}。含量较高的 Fe^{3+}、Al^{3+} 对 Ca^{2+}、Mg^{2+} 测定有干扰，可用尿素分离 Fe^{3+}、Al^{3+} 后，以 GBHA 或铬黑 T 为指示剂，用 EDTA 络合滴定法测定 Ca^{2+}、Mg^{2+}。若试样中含有 Ti^{4+}，用 $CuSO_4$ 回滴法测得的实际上是 Al^{3+}、Ti^{4+} 总量。若要测定 TiO_2 的含量，可加入苦杏仁酸解蔽剂将 TiY 解蔽成为 Ti^{4+}，再用标准 $CuSO_4$ 溶液滴定释放的 EDTA。Ti^{4+} 含量较低时可用比色法测定。

三、主要试剂和仪器

1. EDTA 溶液（0.02mol·L^{-1}）　在台秤上称取 4g EDTA，加 100mL 蒸馏水溶解后，稀释至 500mL，待标定。

2. 铜标准溶液（0.02mol·L^{-1}）　称取 0.3g 纯铜，加入 3mL 6mol·L^{-1} HCl 溶液、滴加 2~3mL H_2O_2，盖上表面皿，微沸溶解后，继续加热赶去 H_2O_2（小泡冒完为止）。冷却后转入 250mL 容量瓶中，用蒸馏水定容。

3. 指示剂　溴甲酚绿（1g·L^{-1}，20%乙醇溶液）；磺基水杨酸钠（10g·L^{-1}）；PAN [1-(2-吡啶偶氮)-2-萘酚，3g·L^{-1}，乙醇溶液]；铬黑 T（1g·L^{-1}，称取 0.1g 铬黑 T 溶于 75mL 三乙醇胺和 25mL 乙醇中）；GBHA[乙二醛双缩(2-羟基苯胺)，0.4g·L^{-1}，乙醇溶液]。

4. 缓冲溶液

氯乙酸-醋酸铵缓冲溶液（pH=2）　850mL 0.1mol·L^{-1} 氯乙酸与 8mL 0.1mol·L^{-1} NH_4Ac 混匀。

氯乙酸-醋酸钠缓冲溶液（pH=3.5）　250mL 2mol·L^{-1} 氯乙酸与 500mL 1mol·L^{-1} NaAc 混匀。

NaOH 强碱缓冲溶液（pH=12.6）　　10g NaOH 与 10g $Na_2B_4O_7 \cdot 10H_2O$（硼砂）溶于适量蒸馏水后稀释至 1L。

氨水-NH_4Cl 缓冲溶液（pH=10）　　称取 67g NH_4Cl 固体溶于适量蒸馏水中，加入 520mL 浓氨水，用蒸馏水稀释至 1L。

5. 其他试剂　NH_4Cl（固体）；氨水（$7mol \cdot L^{-1}$）；NaOH 溶液（$200g \cdot L^{-1}$）；HCl 溶液（$12mol \cdot L^{-1}$，$6mol \cdot L^{-1}$，$2mol \cdot L^{-1}$）；尿素（$500g \cdot L^{-1}$）；浓 HNO_3 溶液；NH_4F 溶液（$200g \cdot L^{-1}$）；$AgNO_3$ 溶液（$0.1mol \cdot L^{-1}$）；NH_4NO_3 溶液（$10g \cdot L^{-1}$）。

6. 马弗炉、瓷坩埚、干燥器和长坩埚钳、短坩埚钳、烧杯（50mL、250mL、200mL）、锥形瓶（250mL）

四、实验步骤

1. EDTA 溶液的标定

移取 10.00mL $0.02mol \cdot L^{-1}$ 铜标准溶液于 250mL 锥形瓶中，加入 5mL pH 值为 3.5 的缓冲溶液和 35mL 蒸馏水，加热至 80℃后，加入 4 滴 PAN 指示剂，趁热用待标定的 EDTA 溶液滴定至溶液由红色变为绿色，即为终点，记下消耗 EDTA 溶液的体积。平行滴定 3 次，计算 EDTA 的准确浓度。

2. SiO_2 的测定

准确称取 0.4g 试样三份，置于干燥的 50mL 烧杯中，加入 2.5～3g NH_4Cl 固体，用玻璃棒混匀，滴加浓 HCl 溶液（一般约需 2mL），并滴加 2～3 滴浓 HNO_3 溶液，搅匀。小心压碎块状物，盖上表面皿，置于沸水浴上，加热 10min，加入蒸馏水约 40mL，搅动溶解可溶性盐类。过滤，用热蒸馏水洗涤烧杯和沉淀，直至滤液中无 Cl^- 反应为止（用 $AgNO_3$ 检验），弃去滤液。

将沉淀连同滤纸放入已恒重的瓷坩埚中，低温干燥、炭化非灰化后，于 950℃灼烧 30min 取下，置于干燥器中冷却至室温，称量。再灼烧、称量，直至恒重。计算试样的质量分数。

3. Fe_2O_3、Al_2O_3、CaO 和 MgO 的测定

（1）试样处理　　准确称取约 2g 水泥试样于 250mL 烧杯中，加入 8g NH_4Cl 固体，用一端平头的玻璃棒压碎块状物，仔细搅拌 20min。加入 12mL 浓 HCl 溶液，使试样全部润湿，再滴加 4～8 滴浓 HNO_3，搅匀，盖上表面皿，置于已预热的沙浴上加热 20～30min，直至无黑色或灰色的小颗粒为止。取下烧杯，稍冷后加热蒸馏水约 40mL，搅拌使盐类溶解。冷却后，连同沉淀一起转移到 500mL 容量瓶中，用蒸馏水稀释至刻度，摇匀后放置 1～2h，使其澄清。然后用洁净干燥的虹吸管吸取溶液于洁净干燥的 400mL 烧杯中保存，作为测定 Fe、Al、Ca、Mg 等元素之用。

（2）Fe_2O_3 和 Al_2O_3 含量的测定　　准确移取 25mL 试液于 250mL 锥形瓶中，加入 10 滴 $100g \cdot L^{-1}$ 磺基水杨酸、10mL pH=2 的缓冲溶液，将溶液加热至 70℃，用 EDTA 标准溶液缓慢地滴定至由酒红色变为无色（终点时溶液温度应在 60℃左右），记下消耗 EDTA 溶液的体积。平行滴定 3 次，计算 Fe_2O_3 含量：

$$w_{Fe_2O_3} = \frac{0.5(cV)_{EDTA} M_{Fe_2O_3}}{m_s}$$

式中 m_s——实际滴定的每份试样质量，g。

于滴定铁后的溶液中加入 1 滴 $1g \cdot L^{-1}$ 溴甲酚绿，用 $7mol \cdot L^{-1}$ 氨水调至黄绿色，然后加入 15.00mL 过量的 EDTA 标准溶液，加热煮沸 1min，加入 10mL pH 值为 3.5 的缓冲溶液，4 滴 $3g \cdot L^{-1}$ PAN 试剂，用铜标准溶液滴至茶红色即为终点。记下消耗的铜标准溶液的体积。平行滴定 3 份。计算 Al_2O_3 含量：

$$w_{Al_2O_3} = \frac{0.5[(cV)_{EDTA} - (cV)_{Ca^{2+}}] M_{Al_2O_3}}{m_s}$$

（3）CaO 和 MgO 含量的测定 由于 Fe^{3+}、Al^{3+} 干扰 Ca^{2+}、Mg^{2+} 的测定，须将它们预先分离。为此，取试液 100mL 于 200mL 烧杯中，滴入 7mL 氨水至红棕色沉淀生成时，再滴入 $2mol \cdot L^{-1}$ HCl 溶液使沉淀刚好溶解。然后加入 25mL $500g \cdot L^{-1}$ 尿素溶液，加热约 20min，不断搅拌，使 Fe^{3+}、Al^{3+} 完全沉淀。[该方法称为尿素均匀沉淀法。Fe^{3+}、Al^{3+} 也可用氨水直接沉淀，但 $Fe(OH)_3$ 沉淀对 Ca^{2+}、Mg^{2+} 的吸附较严重。] 趁热过滤，滤液用 250mL 烧杯承接，用 $10g \cdot L^{-1}$ 热 NH_4NO_3 溶液洗涤沉淀至无 Cl^- 为止（用 $AgNO_3$ 检验），滤液冷却后转移至 250mL 容量瓶中，稀释至刻度，摇匀。滤液用于测定 Ca^{2+}、Mg^{2+}。准确移取 25.00mL 试液于 250mL 锥形瓶中，加入 2 滴 $0.4g \cdot L^{-1}$ GBHA 指示剂，滴加 $200g \cdot L^{-1}$ NaOH 使溶液变为微红色后，加入 10mL pH 值为 12.6 的缓冲溶液和 20mL 蒸馏水，用 EDTA 标准溶液滴至由红色变为亮黄色即为终点，记下消耗 EDTA 溶液的体积。平行滴定 3 次，计算 CaO 含量。

在测定 CaO 后的溶液中，滴加 $2mol \cdot L^{-1}$ HCl 溶液至溶液黄色褪去，加入 15mL pH 值为 10 的缓冲溶液、2 滴 $1g \cdot L^{-1}$ 铬黑 T 指示剂，用 EDTA 标准溶液滴至由红色变为纯蓝色即为终点，记下消耗 EDTA 溶液的体积。平行滴定 3 次，计算 MgO 含量。

五、实验数据记录

表1 用铜标准溶液标定 EDTA

编号	1	2	3
V(铜标准溶液)/mL			
c(铜标准溶液)/$mol \cdot L^{-1}$			
V(EDTA)/mL			
V(EDTA)平均/mL			
c(EDTA)/$mol \cdot L^{-1}$			
相对偏差/%			
相对平均偏差/%			

表2 SiO_2 的测定

编号	1	2	3
m(样品)/g			
m(恒重)/g			
$w(SiO_2)$/%			

续表

编号	1	2	3
$w(SiO_2)$ 平均值/%			
相对偏差/%			
相对平均偏差/%			

说明:

1. 将 Fe_2O_3、Al_2O_3、CaO 和 MgO 的测定数据记录在表格中,由学生设计完成。

2. 硅酸盐水泥熟料试样用酸分解后,硅酸一部分以溶胶状态存在,一部分以无定形沉淀析出,且有严重吸附。为此,将试样与足量的固体氯化铵混合后,再用少量浓盐酸在沸水浴中加热分解。因为沉淀反应是在含有大量电解质的小体积溶液中进行的,硅酸可以迅速脱水凝聚析出,较少吸附,沉淀比较纯净和完全。加入数滴硝酸,其目的是如果试样中含有 FeO,可使 Fe^{2+} 氧化成 Fe^{3+}。

3. 若测定 SiO_2 时改用铂坩埚在 1100℃ 灼烧至恒重,经 HF 处理后,测定结果的误差将小于 0.1%。

本实验中的测定方法其结果的误差将偏高 0.2% 左右。

4. EDTA 滴定 Fe^{3+} 时,溶液的最高允许酸度为 pH≈1.5。当溶液的 pH<1.5,Fe^{3+} 和 EDTA 配位不完全,结果偏低;当溶液的 pH>2.5 时,Al^{3+} 亦和 EDTA 配位使结果偏高,同时 Fe^{3+} 会水解。溶液 pH≈2 时 Al^{3+}、Ca^{2+} 和 Mg^{2+} 均不干扰。因此溶液的 pH 值必须控制在 1.8~2.0。此外,滴定时温度控制在 60~70℃ 终点较明显。若温度太低,滴定速度又较快,则由于终点前 EDTA 夺取铁与指示剂形成的配合物中 Fe^{3+} 的速率缓慢,往往容易造成滴定过量。

5. EDTA 滴定 Al^{3+} 以 PAN 为指示剂,用 $CuSO_4$ 标准溶液返滴过量的 EDTA 时,终点的颜色与 EDTA 和 PAN 指示剂的量有关。如果 EDTA 过量太多,或 PAN 指示剂的量较少,则因有大量蓝色的铜和 EDTA 的配合物,使终点为蓝紫色或蓝色;如 EDTA 过量太少,EDTA 与 Al^{3+} 可能配位不完全,会使误差增大。实验表明,若 EDTA 和 Cu^{2+} 的浓度为 0.015~0.02mol·L^{-1},EDTA 过量 10~15mL 较为适宜。如果 PAN 指示剂量又比较适当,则终点为紫红色。由于 PAN 指示剂和 Cu-PAN 配合物在水中的溶解度都很小,为增大其溶解度以获得明显的终点,滴定温度控制在 80~85℃ 为宜,温度太高,终点不稳定,为改善终点,可加入适量乙醇。

6. 测定 CaO 时,为了减少 $Mg(OH)_2$ 沉淀对钙指示剂的吸附,可先将溶液稀释,降低溶液中 Mg^{2+} 的浓度。同时,当溶液 pH 值调至 12~13 后应立即滴定,以防止溶液吸收 CO_2 生成 $CaCO_3$ 沉淀。

7. 测定 MgO 时,溶液中含有的 Fe^{3+}、Al^{3+} 可加三乙醇胺掩蔽以消除干扰,但三乙醇胺与 Fe^{3+} 的配合物破坏酸性铬蓝 K 指示剂,故先加入酒石酸(或酒石酸酸钠)将 Fe^{3+} 掩蔽后再加三乙醇胺。

六、思考题

1. Ca^{2+} 和 Mg^{2+} 共存时,能否用 EDTA 标准溶液控制酸度法滴定 Fe^{3+}?滴定 Fe^{3+} 的介质酸度范围为多大?

2. EDTA 滴定 Al^{3+} 时，为什么采用返滴定法？

3. EDTA 滴定 Ca^{2+} 和 Mg^{2+} 时，怎样消除 Fe^{3+} 和 Al^{3+} 的干扰？

实验九　室内空气中甲醛含量的测定（综合实验）

一、实验目的

1. 熟悉室内空气中甲醛含量测定的方法原理。
2. 掌握室内空气中污染气体的采集方法。

二、实验原理

甲醛与酚试剂反应生成嗪，在高铁离子存在下，嗪与酚试剂的氧化产物反应生成蓝绿色化合物。根据生成物溶液的颜色深浅，可用分光光度法测定。反应方程式如下：

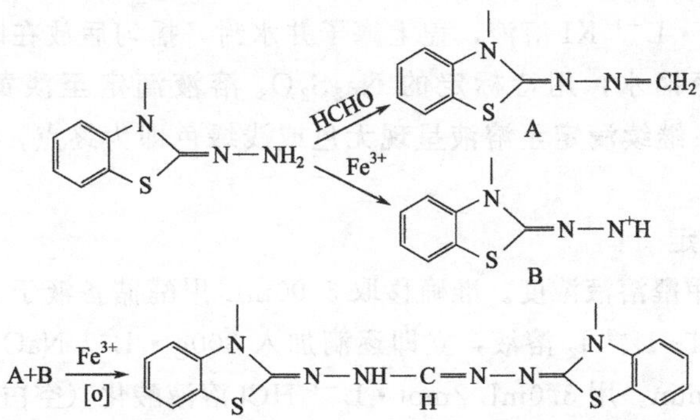

本方法的检出量为 $0.02\mu g \cdot mL^{-1}$（按与吸光度 0.02 相对应的甲醛含量计），当采样体积为 10L 时，最低检出浓度为 $0.01mg \cdot m^{-3}$。

三、主要试剂和仪器

1. MBTH 吸收液（$0.05g \cdot L^{-1}$）　用台秤称取 0.1g 酚试剂 [3-甲基-2-苯并噻唑腙，$C_6H_4SN(CH_3)C:NNH_2 \cdot HCl$，MBTH]，溶于蒸馏水中，稀释至 100mL。此即为吸收原液，贮存于棕色瓶中，在冰箱内可以稳定 3 天。采样时取 5.0mL 吸收原液加入 95mL 蒸馏水，即为吸收液。

2. 硫酸铁铵溶液（$10g \cdot L^{-1}$）　称取 1.0g 硫酸铁铵，用 $0.1mol \cdot L^{-1}$ HCl 溶液溶解，并稀释至 100mL。

3. 甲醛储备液　取 5.0mL 含量为 36%～38% 的市售甲醛，用蒸馏水稀释至 500mL，待标定。

4. KI（$200g \cdot L^{-1}$）

5. $Na_2S_2O_3$ 溶液（$0.1mol \cdot L^{-1}$）　称取 25g $Na_2S_2O_3 \cdot H_2O$ 于烧杯中，加入 300～500mL 新煮沸经冷却的蒸馏水，溶解后，加入约 0.1g Na_2CO_3，用新煮沸且冷却的蒸馏水稀释至 1L，贮存于棕色试剂瓶中，在暗处放置 3～5 天后标定。

6. 淀粉指示剂（$5g \cdot L^{-1}$）　称取 0.5g 可溶性淀粉，用少量蒸馏水搅匀，加入 100mL

沸蒸馏水，搅匀。

7. $K_2Cr_2O_7$ 标准溶液（$0.01667 mol \cdot L^{-1}$）

8. I_2 溶液（$0.050 mol \cdot L^{-1}$）　称取 $3.3g\ I_2$ 和 $5g\ KI$，置于研钵中（通风橱中操作），加入少量蒸馏水研磨，待 I_2 全部溶解后，将溶液转移至棕色试剂瓶中。加蒸馏水稀释至 250mL，充分摇匀，放暗处保存。

9. 其他试剂　KI固体；NaOH溶液（$300 g \cdot L^{-1}$）；HCl溶液（$2 mol \cdot L^{-1}$、$6 mol \cdot L^{-1}$）。

10. 大气采样器

11. 气泡吸收管

12. 紫外可见分光光度计

四、实验步骤

1. $Na_2S_2O_3$ 溶液的标定

准确移取 25.00mL $0.01667 mol \cdot L^{-1}$ $K_2Cr_2O_7$ 标准溶液于碘量瓶中，加入 5mL $6 mol \cdot L^{-1}$ HCl溶液、5mL $200 g \cdot L^{-1}$ KI溶液，盖上塞子并水封，摇匀后放在暗处 5min。待反应完全后，加入 100mL 蒸馏水，用待标定的 $Na_2S_2O_3$ 溶液滴定至淡黄色，然后加入 1mL $5 g \cdot L^{-1}$ 淀粉指示剂，继续滴定至溶液呈现无色或浅绿色即为终点，平行测定 3 次，计算 $Na_2S_2O_3$ 的浓度。

2. 甲醛溶液的标定

采用碘量法标定甲醛溶液浓度。准确移取 5.00mL 甲醛储备液于 250mL 碘量瓶中，加入 25.00mL $0.050 mol \cdot L^{-1}$ I_2 溶液，立即逐滴加入 $300 g \cdot L^{-1}$ NaOH溶液，至颜色褪至淡黄色为止，放置 10min。用 3.0mL $2 mol \cdot L^{-1}$ HCl溶液酸化（空白滴定时需多加 2mL），暗处置放 10min，待反应完全后，加入 100mL 蒸馏水，用 $0.1 mol \cdot L^{-1}$ $Na_2S_2O_3$ 溶液滴定至淡黄色，加 1.0mL $5 g \cdot L^{-1}$ 淀粉指示剂，继续滴定至蓝色刚刚褪去即为终点，平行测定 3 次。

另取 5.0mL 蒸馏水，同上法进行空白滴定。

按下式计算甲醛储备液的质量浓度（$mg \cdot mL^{-1}$）：

$$\rho_{HCHO} = \frac{[(V_0 - V_1) c_{Na_2S_2O_3}] M_{HCHO}}{5.00}$$

式中　V_0——滴定空白溶液消耗硫代硫酸钠溶液的体积，mL；

V_1——滴定甲醛储备液消耗硫代硫酸钠溶液的体积，mL。

3. 试样采集

采用大气采样器采样，用一个内装 5.0mL 吸收液的气泡吸收管，以 $0.5 L \cdot min^{-1}$ 流量采集 15L 室内空气，平行采样 2~3 次。

4. 甲醛含量的测定

(1) 标准曲线的制作

取适量已标定的甲醛储备液用蒸馏水稀释至 $10.0 \mu g \cdot mL^{-1}$，然后立即吸取 10.00mL 此稀释溶液于 100mL 容量瓶中，加 5.0mL 吸收原液，再用蒸馏水定容，放置 30min 后，为实验配制标准系列所用甲醛标准溶液。此甲醛标准溶液浓度为 $1.0 \mu g \cdot mL^{-1}$，可稳定 24h。

在 8 支 10mL 比色管中用吸量管分别加入 0.1mL、0.2mL、0.3mL、0.4mL、0.5mL、0.7mL、1.0mL 1.0 $\mu g \cdot mL^{-1}$ 甲醛标准溶液，用吸收液稀释至 5mL，摇匀。均加入 0.4mL 硫酸铁铵溶液，在室温下（8～35℃）显色 20min。于波长 630nm 处，用 1cm 比色皿，测定吸光度。以吸光度对甲醛含量（$\mu g \cdot mL^{-1}$）绘制标准曲线。

(2) 试样测定

采样后，将试样溶液移入比色管中，用少量吸收液洗涤吸收管，洗涤液并入比色管，加入 0.4mL 10g·L^{-1} 硫酸铁铵溶液，用吸收液稀释至 10mL，摇匀。室温下（8～35℃）放置 80min 后，测量吸光度。从标准曲线上查出和计算空气中甲醛的含量（单位为 mg·m^{-3}）。

五、实验数据记录

表格由学生设计。

说明：

1. 甲醛溶液标定前应逐滴加入 300g·L^{-1} NaOH 溶液至溶液颜色明显减退，再摇动片刻，待溶液褪成淡黄色，放置 5～10min 后应退至无色。若碱量加入过多，则 3.0mL 2mol·L^{-1} HCl 溶液不足以使溶液酸化，将影响滴定结果。

2. 当二氧化硫含量过高时，测定结果偏低。可以在采样时使气体先通过装有硫酸锰滤纸的过滤器，排除二氧化硫干扰。

六、思考题

1. 分光光度法选择测量波长的原则是什么？
2. 试推导甲醛含量的计算公式。

实验十 硫代硫酸钠的制备及产物含量测定（综合设计实验）

一、实验目的

1. 了解硫代硫酸钠的制备原理和方法。
2. 学习限量分析法。
3. 学习氧化还原滴定法测定硫代硫酸钠的原理和方法。

二、实验原理

制备硫代硫酸钠的方法很多，本实验采用 Na_2SO_3 和 S 在沸腾条件下化合制备：

$$Na_2SO_3 + S \xrightleftharpoons[\Delta]{} Na_2S_2O_3$$

常温下，从水溶液中结晶出来的硫代硫酸钠为 $Na_2S_2O_3 \cdot 5H_2O$。产物中会含有硫酸盐和亚硫酸盐，可采用限量分析。先用 I_2 把 $S_2O_3^{2-}$ 和 SO_3^{2-} 氧化成 $S_4O_6^{2-}$ 和 SO_4^{2-}，然后让微量 SO_4^{2-} 的与 $BaCl_2$ 溶液反应，使溶液浑浊，与标准系列溶液进行比浊，根据浊度确定产品等级。

限量分析原理：

SO_4^{2-} 标准系列溶液的配制：吸取 100 mg·L^{-1} 的 Na_2SO_4 溶液 0.20 mL、0.50 mL、1.00 mL 分别置于 3 支 25 mL 比色管中，稀释至 25mL，再分别加入 1mL 0.1mol·L^{-1} HCl 溶液和 3mL 250g·L^{-1} 的 $BaCl_2$ 溶液，摇匀。放置 10min 后加 1 滴 0.05mol·L^{-1} 的 $Na_2S_2O_3$ 溶液，摇匀。这三支比色管中 SO_4^{2-} 含量分别相当于优级纯、分析纯和化学纯试剂。

样品中硫代硫酸钠的含量可用 $K_2Cr_2O_7$ 进行测定。$K_2Cr_2O_7$ 与 KI 反应析出 I_2，生成 I_2 的可用 $Na_2S_2O_3$ 溶液滴定，由所消耗的 $Na_2S_2O_3$ 溶液的体积和 $K_2Cr_2O_7$ 的质量即可求得 $Na_2S_2O_3$ 溶液的浓度，再由称取 $Na_2S_2O_3$ 的质量求出 $Na_2S_2O_3$ 的含量。

三、设计内容要求

设计实验用仪器、药品、具体的分析步骤以及分析结果的计算等。

第三篇 国家标准 水质分析

实验一 水质 亚硝酸盐氮的测定——分光光度法

一、适用范围

本标准规定了用分光光度法测定饮用水、地下水、地面水及废水中亚硝酸盐氮的方法。

1. 测定上限

当试份取最大体积（50mL）时，用本方法可以测定亚硝酸盐氮浓度高达 $0.20 mg \cdot L^{-1}$。

2. 最低检出浓度

采用光程长为 10mm 的比色皿，试份体积为 50mL，以吸光度 0.01 单位所对应的浓度值为最低检出限浓度，此值为 $0.003 mg \cdot L^{-1}$。

采用光程长为 30mm 的比色皿，试份体积为 50mL，最低检出浓度为 $0.001 mg \cdot L^{-1}$。

3. 灵敏度

采用光程长为 10mm 的比色皿，试份体积为 50mL 时，亚硝酸盐氮浓度 $c(N)=0.20 mg \cdot L^{-1}$，给出的吸光度约为 0.67 单位。

二、实验原理

在磷酸介质中，pH 值为 1.8 时，试份中的亚硝酸根离子与 4-氨基苯磺酰胺反应生成重氮盐，它再与 N-(1-萘基)-乙二胺二盐酸盐偶联生成红色染料，在 540nm 波长处测定吸光度。

如果使用光程长为 10mm 的比色皿，亚硝酸盐氮的浓度在 $0.2 mg \cdot L^{-1}$ 以内符合朗伯-比尔定律。

三、实验试剂

在测定过程中，除非另有说明，均使用符合国家标准或专业标准的分析纯试剂，实验用水均为无亚硝酸盐的二次蒸馏水。

1. **实验用水** 采用下列方法之一进行制备：

(1) 加入高锰酸钾晶体少许于 1L 蒸馏水中，使之成红色，加氢氧化钡（或氢氧化钙）晶体至溶液呈碱性，使用硬质玻璃蒸馏器进行蒸馏，弃去最初的 50mL 馏出液，收集约 700mL 不含锰盐的馏出液，待用。

(2) 于 1L 蒸馏水中加入硫酸（$18 mol·L^{-1}$，$\rho=1.84 g·mL^{-1}$）1mL、硫酸锰溶液[每 100mL 水中含有 36.49g 硫酸锰（$MnSO_4·H_2O$）] 0.2mL，滴加 0.04%（体积分数）高锰酸钾溶液（约 1～3mL）至呈红色，使用硬质玻璃蒸馏器进行蒸馏，弃去最初的 50mL 馏出液，收集约 700mL 不含锰盐的馏出液，待用。

2. **磷酸**（$15 mol·L^{-1}$，$\rho=1.70 g·mL^{-1}$）

3. **硫酸**（$18 mol·L^{-1}$，$\rho=1.84 g·mL^{-1}$）

4. **磷酸 1+9 溶液**（$1.5 mol·L^{-1}$）

5. **显色剂** 500mL 烧杯内置入 250mL 水和 50mL 磷酸（$15 mol·L^{-1}$，$\rho=1.70 g·mL^{-1}$），加入 20.0g 4-氨基苯磺酰胺（$NH_2C_6H_4SO_2NH_2$）。再将 1.00g N-(1-萘基)-乙二胺二盐酸盐（$C_{10}H_7NHC_2H_4NH_2·2HCl$）溶于上述溶液中，转移至 500mL 容量瓶中，用水稀至标线，摇匀。

(此溶液贮存于棕色试剂瓶中，保存在 2～5℃，至少可稳定一个月。)

注：本试剂有毒性，避免与皮肤接触或吸入体内。

6. **亚硝酸盐氮标准贮备溶液** [$c(N)=250 mg·mL^{-1}$]

(1) 贮备溶液的配制 称取 1.232g 亚硝酸钠（$NaNO_2$），溶于 150mL 水中，定量转移至 1000mL 容量瓶中，用水稀释至标线，摇匀。

(本溶液贮存在棕色试剂瓶中，加入 1mL 氯仿，保存在 2～5℃，至少可稳定一个月。)

(2) 贮备溶液的标定 在 300mL 具塞锥形瓶中移入高锰酸钾标准溶液 50.00mL、硫酸（$18 mol·L^{-1}$，$\rho=1.84 g·mL^{-1}$）5mL，用 50mL 无分度吸管，使下端插入高锰酸钾溶液液面下，加入亚硝酸盐氮标准贮备溶液 50.00mL，轻轻摇匀，置于水浴上加热至 70～80℃，按每次 10.00mL 的量加入足够的草酸钠标准溶液，使高锰酸钾标准溶液褪色并使之过量，记录草酸钠标准溶液用量 V_2，然后用高锰酸钾标准溶液滴定过量草酸钠至溶液呈微红色，记录高锰酸钾标准溶液总用量 V_1。

再以 50mL 实验用水代替亚硝酸盐氮标准贮备溶液，如上操作，用草酸钠标准溶液标定高锰酸钾溶液的浓度 c_1。

按式(1) 计算高锰酸钾标准溶液浓度 c_1（$1/5 KMnO_4$，$mol·L^{-1}$）：

$$c_1 = 0.0500 \times V_4/V_3 \tag{1}$$

式中 V_3——滴定实验用水时加入高锰酸钾标准溶液总量，mL；

V_4——滴定实验用水时加入草酸钠标准溶液总量，mL；

0.0500——草酸钠标准溶液浓度 $c(1/2 Na_2C_2O_4)$，$mol·L^{-1}$。

按式(2) 计算亚硝酸盐氮标准贮备溶液的浓度 c（N）（$mg·L^{-1}$）：

$$c(N) = (V_1 c_1 - 0.0500 V_2) \times 7.00 \times 1000/50.00 = 140 V_1 c_1 - 7.00 V_2 \tag{2}$$

式中 V_1——滴定亚硝酸盐氮标准贮备溶液时加入高锰酸钾标准溶液总量，mL；

V_2——滴定亚硝酸盐氮标准贮备溶液时加入草酸钠标准溶液总量，mL；

c_1——经标定的高锰酸钾标准溶液的浓度，$mol \cdot L^{-1}$；

7.00——亚硝酸盐氮（1/2N）的摩尔质量；

50.00——亚硝酸盐氮标准贮备溶液取样量，mL；

0.0500——草酸钠标准溶液浓度$c(1/2Na_2C_2O_4)$，$mol \cdot L^{-1}$。

7. 亚硝酸盐氮中间标准液 $[c(N)=50.0mg \cdot L^{-1}]$ 取亚硝酸盐氮标准贮备溶液 50.00mL 置于 250mL 容量瓶中，用水稀释至标线，摇匀。此溶液贮于棕色瓶内，保存在 2～5℃，可稳定一星期。

8. 亚硝酸盐氮标准工作液 $[c(N)=1.00mg \cdot L^{-1}]$ 取亚硝酸盐氮中间标准液 10.00mL 于 500mL 容量瓶内，用水稀释至标线，摇匀。此溶液使用时，当天配制。

注：亚硝酸盐氮中间标准液和标准工作液的浓度值，应采用贮备溶液标定后的准确浓度的计算值。

9. 氢氧化铝悬浮液 溶解 125g 硫酸铝钾$[KAl(SO_4)_2 \cdot 12H_2O]$或硫酸铝铵$[NH_4Al(SO_4)_2 \cdot 12H_2O]$于 1L 一次蒸馏水中，加热至 60℃，在不断搅拌下，徐徐加入 55mL 浓氢氧化铵，放置约 1h 后，移入 1L 量筒内，用一次蒸馏水反复洗涤沉淀，最后用实验用水洗涤沉淀，直至洗涤液中不含亚硝酸盐为止。澄清后，把上清液尽量全部倾出，只留稠的悬浮物，最后加入 100mL 水。使用前应振荡均匀。

10. 高锰酸钾标准溶液 $[c(1/5KMnO_4)=0.050mol \cdot L^{-1}]$ 溶解 1.6g 高锰酸钾于 1.2L 水中（一次蒸馏水），煮沸 0.5～1h，使体积减少到 1L 左右，放置过夜，用 G-3 号玻璃砂芯滤器过滤后，滤液贮存于棕色试剂瓶中避光保存。高锰酸钾标准溶液浓度按前述方法进行标定和计算。

11. 草酸钠标准溶液 $[c(1/2Na_2C_2O_4)=0.0500mol \cdot L^{-1}]$ 溶解经 105℃烘干 2h 的优级纯无水草酸钠（$Na_2C_2O_4$）$3.3500g \pm 0.0004g$ 于 750mL 水中，定量转移至 1000mL 容量瓶中，用水稀释至标线，摇匀。

12. 酚酞指示剂（$c=10g \cdot L^{-1}$） 将 0.5g 酚酞溶于 50mL 95%（体积分数）乙醇中。

四、实验仪器

所有玻璃器皿都应用 $2mol \cdot L^{-1}$ 盐酸仔细洗净，然后用水彻底冲洗。

常用实验室设备及分光光度计。

五、实验内容

1. 采样和样品保存

实验室样品应用玻璃瓶或聚乙烯瓶采集，并在采集后尽快分析，不要超过 24h。

若需短期保存（1～2 天），可以在每升实验室样品中加入 40mg 氯化汞，并保存于 2～5℃环境中。

2. 试样的制备

实验室样品含有悬浮物或带有颜色时，需按照如下所述的方法制备试样。

① 当试样 pH≥11 时，可能遇到某些干扰，遇此情况，可向试份中加入酚酞溶液 1 滴，边搅拌边逐滴加入磷酸溶液（$15mol \cdot L^{-1}$，$\rho=1.70g \cdot mL^{-1}$），至红色刚消失。经此处

理，则在加入显色剂后，体系 pH 值为 1.8±0.3，而不影响测定。

② 试样如有颜色和悬浮物，可向每 100mL 试样中加入 2mL 氢氧化铝悬浮液，搅拌，静置，过滤，弃去 25mL 初滤液后，再取试份测定。

3. 实验步骤

(1) 试份　试份最大体积为 50.0mL，可测定亚硝酸盐氮浓度高至 0.20mg·L^{-1}。浓度更高时，可相应用较少量的样品或将样品进行稀释后，再取样。

(2) 测定　用无分度吸管将选定体积的试份移至 50mL 比色管（或容量瓶）中，用水稀释至标线，加入显色剂 1.0mL，密塞，摇匀，静置，此时 pH 值应为 1.8±0.3。加入显色剂 20min 后、2h 以内，在 540nm 的最大吸光度波长处，用光程长 10mm 的比色皿，以实验用水作参比，测量溶液吸光度。

注：最初使用本方法时，应校正最大吸光度的波长，以后的测定均应用此波长。

(3) 空白试验　按 (2) 所述步骤进行空白试验，用 50mL 水代替试份。

(4) 色度校正　如果所制备的试样还具有颜色时，按 (2) 所述方法，从试样中取相同体积的第二份试份，测定吸光度，只是不加显色剂，改加磷酸（15mol·L^{-1}，$\rho=1.70\text{g}\cdot\text{mL}^{-1}$）1.0mL。

(5) 校准　在一组六个 50mL 比色管（或容量瓶）内，分别加入亚硝酸盐氮标准工作液 0.00mL、1.00mL、3.00mL、5.00mL、7.00mL 和 10.00mL，用水稀释至标线，然后加入显色剂 1.0mL，密塞，摇匀，静置，此时 pH 值应为 1.8±0.3。加入显色剂 20min 后、2h 以内，在 540nm 的最大吸光度波长处，用光程长 10mm 的比色皿，以实验用水作参比，测量溶液吸光度。从测得的各溶液吸光度，减去空白试验吸光度，得校正吸光度 A_r，绘制以氮含量（μg）对校正吸光度的校准曲线，亦可按线性回归方程的方法，计算校准曲线方程。

六、实验结果表示

1. 计算方法

试份溶液吸光度的校正值 A_r 按式(3) 计算：

$$A_r = A_s - A_b - A_c \tag{3}$$

式中　A_s——试份溶液测得的吸光度；

A_b——空白试验测得的吸光度；

A_c——色度校正测得的吸光度。

由校正吸光度 A_r 值，从校准曲线上查得（或由校准曲线方程计算）相应的亚硝酸盐氮的含量 m(N)（μg）。

试份的亚硝酸盐氮浓度按式(4) 计算：

$$c(\text{N}) = \frac{m(\text{N})}{V} \tag{4}$$

式中　$c(\text{N})$——亚硝酸盐氮浓度，mg·L^{-1}；

$m(\text{N})$——相应于校正吸光度 A_r 的亚硝酸盐氮含量，μg；

V——试份体积，mL。

2. 精密度和准确度

（1）取平行双样测定结果的算术平均值为测定结果。

（2）23 个实验室测定亚硝酸盐氮浓度为 6.19×10^{-2} mg·L^{-1} 的试样，重复性为 1.1×10^{-3} mg·L^{-1}，再现性为 3.7×10^{-3} mg·L^{-1}，加标回收率范围为 93%～103%。

实验二 水质 总氮的测定——碱性过硫酸钾消解紫外分光光度法

一、适用范围

1. 本标准适用于地面水、地下水的测定。本法可测定水中亚硝酸盐氮、硝酸盐氮、无机铵盐、溶解态氨及大部分有机含氮化合物中氮的总和。

2. 氮的最低检出浓度为 0.050mg·L^{-1}，测定上限为 4mg·L^{-1}。

3. 本方法的摩尔吸光系数为 1.47×10^3 L·mol^{-1}·cm^{-1}。

4. 测定中干扰物主要是碘离子与溴离子，碘离子相对于总氮含量的 2.2 倍以上、溴离子相对于总氮含量的 3.4 倍以上有干扰。

5. 某些有机物在本法规定的测定条件下不能完全转化为硝酸盐时对测定有影响。

6. 总氮定义

（1）可滤性总氮 指水中可溶性及含可滤性固体（小于 0.45μm 颗粒物）的含氮量。

（2）总氮 指可溶性及悬浮颗粒中的含氮量。

二、实验原理

在 60℃以上水溶液中，过硫酸钾可分解产生硫酸氢钾和原子态氧，硫酸氢钾在溶液中离解而产生氢离子，故在氢氧化钠的碱性介质中可促使分解过程趋于完全。

分解出的原子态氮在 120～124℃条件下，可使水样中含氮化合物的氮元素转化为硝酸盐。并且在此过程中有机物同时被氧化分解。可用紫外分光光度法于波长 220nm 和 275nm 处，分别测出吸光度 A_{220} 及 A_{275}，按式（1）求出校正吸光度 A：

$$A=A_{220}-2A_{275} \tag{1}$$

按 A 的值查校准曲线并计算总氮（以 NO$_3$-N 计）含量。

三、实验试剂和材料

除非另有说明外，分析时均使用符合国家标准或专业标准的分析纯试剂。

1. 水，无氨 按下述方法之一制备：

（1）离子交换法 将蒸馏水通过一个强酸性阳离子交换树脂（氢型）柱，流出液收集在带有密封玻璃盖的玻璃瓶中。

（2）蒸馏法 在 1000mL 蒸馏水中，加入 0.10mL 硫酸（ρ=1.84g·mL^{-1}），并在全玻璃蒸馏器中重蒸馏，弃去前 50mL 馏出液，然后将馏出液收集在带有玻璃塞的玻璃瓶中。

2. 氢氧化钠溶液（200g·L^{-1}） 称取20g氢氧化钠，溶于无氨水中，稀释至100mL。

3. 氢氧化钠溶液（20g·L^{-1}） 将200g·L^{-1}氢氧化钠溶液稀释10倍而得。

4. 碱性过硫酸钾溶液 称取40g过硫酸钾（$K_2S_2O_8$），另称取15g氢氧化钠，溶于无氨水中，稀释至1000mL，溶液存放在聚乙烯瓶内，最长可贮存一周。

5. 盐酸溶液（1+9）

6. 硝酸钾标准溶液

（1）硝酸钾标准贮备液 [$c(N)=100mg·L^{-1}$] 硝酸钾（KNO_3）在105～110℃烘箱中干燥3h，在干燥器中冷却后，称取0.7218g，溶于无氨水中，移至1000mL容量瓶中，用无氨水稀释至标线，在0～10℃于暗处保存，或加入1～2mL三氯甲烷保存，可稳定6个月。

（2）硝酸钾标准使用液 [$c(N)=10mg·L^{-1}$] 将硝酸钾标准贮备液用无氨水稀释10倍而得。使用时配制。

7. 硫酸溶液（1+35）

8. 仪器和设备

（1）常用实验室仪器。

（2）紫外分光光度计及10mm石英比色皿。

（3）医用手提式蒸气灭菌器或家用压力锅（压力为1.1～1.4kgf·cm^{-2}，1kgf·cm^{-2}=98.0665kPa），锅内温度相当于120～124℃。

（4）具玻璃磨口具塞比色管，25mL。

注：所用玻璃器皿可以用盐酸（1+9）或硫酸（1+35）浸泡，清洗后再用无氨水冲洗数次。

四、实验内容

1. 采样

在水样采集后立即放入冰箱中或低于4℃的条件下保存，但不得超过24h。水若放置时间较长时，可在1000mL水样中加入约0.5mL硫酸（$\rho=1.84g·mL^{-1}$），酸化到pH值小于2，并尽快测定。

样品可贮存在玻璃瓶中。

2. 试样的制备

取实验室采集的水样，用氢氧化钠溶液或硫酸溶液调节pH值至5～9从而制得试样。

如果试样中不含悬浮物按分析步骤（2）测定，试样中含悬浮物则按分析步骤（3）测定。

3. 分析步骤

（1）用无分度吸管取10.00mL试样 [$c(N)$超过100μg时，可减少取用量并加无氨水稀释至10mL] 置于比色管中。

（2）试样不含悬浮物时，按下述步骤进行：

① 加入5mL碱性过硫酸钾溶液，塞紧磨口塞，用布及绳等方法扎紧瓶塞，以防弹出。

② 将比色管置于医用手提蒸气灭菌器中，加热，使压力表指针到1.1～1.4kgf·cm^{-2}，温度达120～124℃后开始计时。或将比色管置于家用压力锅中，加热至顶压阀吹气时开始计时。保持此温度加热半小时。

③ 冷却、开阀放气，移去外盖，取出比色管并冷却至室温。

④ 加盐酸（1+9）1mL，用无氨水稀释至25mL标线，混匀。

⑤ 移取部分溶液至10mm石英比色皿中，在紫外分光光度计上，以无氨水作参比，分别在波长为220nm与275nm处测定吸光度，并用式（1）计算出校正吸光度A。

（3）试样含悬浮物时，先按步骤（2）中①至④步骤进行，然后待澄清后移取上清液到石英比色皿中。再按上述步骤⑤继续进行测定。

（4）空白试验：空白试验除以10mL无氨水代替试样外，采用与测定完全相同的试剂、用量和分析步骤进行平行操作。

注：当测定在接近检测限时，必须控制空白试验的吸光度 A_b 不超过0.03，超过此值，要检查所用水、试剂、器皿和家用压力锅或医用手提灭菌器的压力。

（5）校准系列的制备

① 用分度吸管向一组（10支）比色管中分别加入硝酸盐氮标准使用溶液0.00mL、0.10mL、0.30mL、0.50mL、0.70mL、1.00mL、3.00mL、5.00mL、7.00mL、10.00mL。加无氨水稀释至10.00mL。

② 按步骤（2）中①至④步骤进行测定。

③ 校准曲线的绘制。零浓度（空白）溶液和其他硝酸钾标准使用溶液制得的校准系列完成全部分析步骤，于波长220nm和275nm处测定吸光度后，分别按下式求出除零浓度外其他校准系列的校正吸光度 A_s 和零浓度的校正吸光度 A_b 及其差值 A_r：

$$A_s = A_{s220} - 2A_{s275} \tag{2}$$

$$A_b = A_{b220} - 2A_{b275} \tag{3}$$

$$A_r = A_s - A_b \tag{4}$$

式中　A_{s220}——标准溶液在220nm波长的吸光度；

A_{s275}——标准溶液在275nm波长的吸光度；

A_{b220}——零浓度（空白）溶液在220nm波长的吸光度；

A_{b275}——零浓度（空白）溶液在275nm波长的吸光度。

按 A_r 值与相应的 NO_3-N 含量（μg）绘制校准曲线。

五、结果的表示

1. 计算方法

按式（1）计算得试样校正吸光度A，在校准曲线上查出相应的总氮质量，总氮含量（mg·L^{-1}）按式（5）计算：

$$c(N) = \frac{m}{V} \tag{5}$$

式中　m——试样测出含氮量，μg；

V——测定用试样体积，mL。

2. 精密度与准确度

（1）重复性　21个实验室分别测定了亚硝酸钠、氨基丙酸与氯化铵混合样品；CW604氨氮标准样品；L-谷氨酸与葡萄糖混合样品。上述三种样品含氮量分别为1.49mg·L^{-1}、2.64mg·L^{-1} 和 1.15mg·L^{-1}，其分析结果如下：

各实验室的室内相对标准偏差分别为2.3%、1.6%和2.5%。室内重复测定允许精密度分别为0.074mg·L^{-1}、0.092mg·L^{-1} 和 0.063mg·L^{-1}。

(2) 再现性　上述实验室对上述三种统一合成样品进行测定。实验室间相对标准偏差分别为 3.1%、1.1%和 4.2%；再现性相对标准偏差分别为 4.0%、1.9%和 4.8%；总相对标准偏差分别为 3.8%、1.9%和 4.9%。

3．准确度

上述实验室对上述三种统一合成样品进行测定，实验室内均值相对误差分别为 6.3%、2.4%和 8.7%。实验室平均回收率置信范围分别为 99.0%±6.4%、99.0%±5.1%和 101%±9.4%。

4．结果计算

参照式(2)~式(4) 计算试样校正吸光度和空白试验校正吸光度差值 A_r，样品中总氮的质量浓度 ρ（mg·L^{-1}）按公式(6)进行计算。

$$\rho = \frac{(A_r - a) \times f}{bV} \tag{6}$$

式中　ρ——样品中总氮（以 N 计）的质量浓度，mg·L^{-1}；

A_r——试样的校正吸光度和空白试验校正吸光度差值；

a——校准曲线的截距；

b——校准曲线的斜率；

V——试样体积，mL；

f——稀释倍数。

5．结果表示

当测定结果小于 1.00mg·L^{-1} 时，保留到小数点后两位；大于等于 1.00mg·L^{-1} 时，保留三位有效数字。

实验三　水质 总磷的测定——钼酸铵分光光度法

一、适用范围

1. 总磷包括溶解的、颗粒的、有机的和无机磷。
2. 本标准适用于地面水、污水和工业废水。

二、实验原理

在中性条件下用过硫酸钾（或硝酸-高氯酸）使试样消解，将所含磷全部氧化为正磷酸盐。在酸性介质中，正磷酸盐与钼酸铵反应，在锑盐存在下生成磷钼杂多酸后，立即被抗坏血酸还原，生成蓝色的络合物。

三、实验试剂

本标准所用试剂除另有说明外，均应使用符合国家标准或专业标准的分析试剂和蒸馏水或同等纯度的水。

1. 硫酸（$\rho = 1.84$g·mL^{-1}）
2. 硝酸（$\rho = 1.4$g·mL^{-1}）

3. 高氯酸（优级纯，$\rho=1.68g \cdot mL^{-1}$）

4. 硫酸（1∶1）

5. 硫酸 $[c(1/2H_2SO_4) \approx 1mol \cdot L^{-1}]$　将 27mL 硫酸（$\rho=1.84g \cdot mL^{-1}$）加入 973mL 水中。

6. 氢氧化钠溶液（$1mol \cdot L^{-1}$）　将 40g 氢氧化钠溶于水并稀释至 1000mL。

7. 氢氧化钠溶液（$6mol \cdot L^{-1}$）　将 240g 氢氧化钠溶于水并稀释至 1000mL。

8. 过硫酸钾溶液（$50g \cdot L^{-1}$）　将 5g 过硫酸钾（$K_2S_2O_8$）溶解于水，并稀释至 100mL。

9. 抗坏血酸溶液（$100g \cdot L^{-1}$）　溶解 10g 抗坏血酸（$C_6H_8O_6$）于水中，并稀释至 100mL。此溶液贮于棕色的试剂瓶中，在冷处可稳定几周。如不变色可长时间使用。

10. 钼酸盐溶液　溶解 13g 钼酸铵 $[(NH_4)_6Mo_7O_{24} \cdot 4H_2O]$ 于 100mL 水中。溶解 0.35g 酒石酸锑钾 $[KSbC_4H_4O_7 \cdot 1/2H_2O]$ 于 100mL 水中。在不断搅拌下把钼酸铵溶液徐徐加到 300mL 硫酸（$\rho=1.84g \cdot mL^{-1}$）中，加酒石酸锑钾溶液并且混合均匀。此溶液贮存于棕色试剂瓶中，在冷处可保存两个月。

11. 浊度-色度补偿液　混合两个体积硫酸（1∶1）和一个体积抗坏血酸溶液。使用当天配制。

12. 磷标准贮备溶液　称取 0.2197g±0.001g 于 110℃干燥 2h 在干燥器中放冷的磷酸二氢钾（KH_2PO_4），用水溶解后转移至 1000mL 容量瓶中，加入大约 800mL 水、5mL 硫酸（1∶1），用水稀释至标线并混匀。1.00mL 此标准溶液含 50.0μg 磷。本溶液在玻璃瓶中可贮存至少六个月。

13. 磷标准使用溶液　将 10.0mL 的磷标准溶液转移至 250mL 容量瓶中，用水稀释至标线并混匀。1.00mL 此标准溶液含 2.0μg 磷。使用当天配制。

14. 酚酞溶液（$10g \cdot L^{-1}$）　0.5g 酚酞溶于 50mL 95%乙醇中。

四、实验仪器

1. 实验室常用仪器设备
2. 医用手提式蒸汽消毒器或一般压力锅（$1.1 \sim 1.4 kgf \cdot cm^{-2}$）
3. 50mL 具塞（磨口）刻度管
4. 分光光度计

注：所有玻璃器皿均应用稀盐酸或稀硝酸浸泡。

五、实验内容

1. 采样

采取 500mL 水样后加入 1mL 硫酸（1∶1）调节样品的 pH 值，使之低于或等于 1，或不加任何试剂于冷处保存。

注：含磷量较少的水样，不要用塑料瓶采样，因磷酸盐易吸附在塑料瓶壁上。

2. 试样的制备

取 25mL 样品于具塞刻度管中。取时应仔细摇匀，以得到溶解部分和悬浮部分均具有代表性的试样。如样品中含磷浓度较高，试样体积可以减少。

3. 分析步骤

(1) 空白试验　按下述（2）进行空白试验，用水代替试样，并加入与测定时相同体积的试剂。

(2) 测定

① 过硫酸钾消解。向试样中加 4mL 过硫酸钾，将具塞刻度管的盖塞紧后，用一小块布和线将玻璃塞扎紧（或用其他方法固定），放在大烧杯中置于高压蒸汽消毒器中加热，待压力达 $1.1\text{kgf}\cdot\text{cm}^{-2}$，相应温度为 120℃时，保持 30min 后停止加热。待压力表读数降至零后，取出放冷。然后用水稀释至标线。

注：如用硫酸保存水样，当用过硫酸钾消解时，需先将试样调至中性。

② 硝酸-高氯酸消解。取 25mL 试样于锥形瓶中，加数粒玻璃珠，加 2mL 硝酸在电热板上加热浓缩至 10mL。冷后加 5mL 硝酸，再加热浓缩至 10mL，放冷。加 3mL 高氯酸，加热至高氯酸冒白烟，此时可在锥形瓶上加小漏斗或调节电热板温度，使消解液在锥形瓶内壁保持回流状态，直至剩下 3～4mL，放冷。

加水 10mL，加 1 滴酚酞指示剂。滴加氢氧化钠溶液（实验试剂 6 或 7）至刚刚呈微红色，再滴加硫酸溶液 $[c(1/2\text{H}_2\text{SO}_4)=1\text{mol}\cdot\text{L}^{-1}]$ 使微红刚好退去，充分混匀。移至具塞刻度管中，用水稀释至标线。

注：a. 用硝酸-高氯酸消解需要在通风橱中进行。高氯酸和有机物的混合物经加热易发生危险，需将试样先用硝酸消解，然后再加入硝酸-高氯酸进行消解。

b. 决不可把消解的试样蒸干。

c. 如消解后有残渣时，用滤纸过滤于具塞刻度管中，并用水充分清洗锥形瓶及滤纸，一并转移到具塞刻度管中。

d. 水样中的有机物用过硫酸钾氧化不能完全破坏时，可用此法消解。

③ 发色。分别向各份消解液中加入 1mL 抗坏血酸溶液混匀，30s 后加 2mL 钼酸盐溶液充分混匀。

注：a. 如试样有浊度或色度时，需配制一个空白试样（消解后用水稀释至标线），然后向试样中加入 3mL 浊度-色度补偿液，但不加抗坏血酸溶液和钼酸盐溶液。从试样的吸光度中扣除空白试样的吸光度。

b. 砷含量大于 $2\text{mg}\cdot\text{L}^{-1}$ 时干扰测定，用硫代硫酸钠去除。硫化物含量大于 $2\text{mg}\cdot\text{L}^{-1}$ 时干扰测定，通氮气去除。铬含量大于 $50\text{mg}\cdot\text{L}^{-1}$ 时干扰测定，用亚硫酸钠去除。

④ 分光光度测量。室温下放置 15min 后，使用光程为 30mm 的比色皿，在 700nm 波长下，以水作参比，测定吸光度。扣除空白试验的吸光度后，从工作曲线上查得磷的含量。

注：如显色时室温低于 13℃，在 20～30℃水浴上显色 15min 即可。

(3) 工作曲线的绘制　取 7 支具塞刻度管分别加入 0.00mL、0.50mL、1.00mL、3.00mL、5.00mL、10.0mL、15.0mL 磷酸盐标准溶液，加水至 25mL，然后按测定步骤（2）进行处理。以水作参比，测定吸光度。扣除空白试验的吸光度后，和对应的磷的含量绘制工作曲线。

六、结果的表示

1. 总磷含量

总磷含量以 c $(\text{mg}\cdot\text{L}^{-1})$ 表示，按下式计算：

$$c=m/V$$

式中　m——试样测得含磷量，μg；
　　　V——测定用试样体积，mL。

2. 精密度与准确度

13个实验室测定（采用过硫酸钾消解）含磷 $2.06mg \cdot L^{-1}$ 的统一样品。

(1) 重复性　实验室内相对标准偏差为 0.75%。

(2) 再现性　实验室间相对标准偏差为 1.5%。

(3) 检出限　取 25mL 试料，本标准的最低检出浓度为 $0.01mg \cdot L^{-1}$，测定上限为 $0.6mg \cdot L^{-1}$。在酸性条件下，砷、铬、硫干扰测定。

实验四　水质 浊度的测定

分光光度法

一、适用范围

适用于饮用水、天然水及高浊度水，最低检测浊度为 3 度。

注：水中应无碎屑和易沉颗粒，如所用器皿不清洁，或水中有溶解的气泡和有色物质时干扰测定。

二、实验原理

在适当温度下，硫酸肼与六亚甲基四胺聚合，形成白色高分子聚合物，以此作为浊度标准液，在一定条件下与水样浊度相比较。

三、实验试剂

除非另有说明，分析时均使用符合国家标准或专业标准的分析纯试剂，去离子水或同等纯度的水。

1. 无浊度水　将蒸馏水通过 $0.2\mu m$ 滤膜过滤，收集于用滤过水荡洗两次的烧瓶中。

2. 浊度标准贮备液

(1) 硫酸肼溶液（1g/100mL）　称取 1.000g 硫酸肼 $[(N_2H_4)H_2SO_4]$ 溶于水，定容至 100mL。

注：硫酸肼有毒、致癌！

(2) 六亚甲基四胺溶液（$0.1g \cdot mL^{-1}$）　称取 10.00g 六亚甲基四胺 $[(CH_2)_6N_4]$ 溶于水，定容至 100mL。

(3) 浊度标准贮备液　吸取 5.00mL 硫酸肼溶液与 5.00mL 六亚甲基四胺溶液于 100mL 容量瓶中，混匀。于 25℃±3℃下静置反应 24h。冷后用水稀释至标线，混匀。此溶液浊度为 400 度，可保存一个月。

四、实验仪器

1. 一般实验室仪器：所有与样品接触的玻璃器皿必须清洁，可用盐酸或表面活性剂清洗

2. 具塞比色管（50mL）

3. 分光光度计

五、实验内容

1. 采样

样品应收集到具塞玻璃瓶中，取样后尽快测定。如需保存，可保存在冷暗处不超过24h，测试前需激烈振摇并恢复到室温。

2. 分析步骤

（1）标准曲线的绘制　吸取浊度标准贮备液 0.00mL、0.50mL、1.25mL、2.50mL、5.00mL、10.00mL 及 12.50mL，置于 50mL 的比色管中，加水至标线。摇匀后，即得浊度为 0 度、0.4 度、10 度、20 度、40 度、80 度及 100 度的标准系列。于 680nm 波长处，用 30mm 比色皿测定吸光度，绘制校准曲线。

注：在 680nm 波长下测定，天然水中存在淡黄色、淡绿色无干扰。

（2）样品测定　吸取 50.0mL 摇匀水样（无气泡，如浊度超过 100 度可酌情少取，用无浊度水稀释至 50.0mL）于 50mL 比色管中，按绘制校准曲线的步骤测定吸光度，由校准曲线上查得水样浊度 A。

六、实验结果的表述

$$浊度 = A(V_1 + V_2)/V_2$$

式中　A——稀释后水样的浊度，度；

　　　V_1——稀释水样体积，mL；

　　　V_2——原水样体积，mL。

不同浊度范围测试结果的精度要求如下：

浊度范围/度	精度/度
1～10	1
10～100	5
100～400	10
400～1000	50
大于 1000	100

目视比浊法

一、适用范围

适用于饮用水和水源水等低浊度的水，最低检测浊度为 1 度。

注：水中应无碎屑和易沉颗粒，如所用器皿不清洁，或水中有溶解的气泡和有色物质时干扰测定。

二、实验原理

将水样与用硅藻土配制的浊度标准液进行比较，规定相当于 1mg 一定粒度的硅藻土在 1000mL 水中所产生的浊度为 1 度。

三、实验试剂

除非另有说明，分析时均使用符合国家标准或专业标准的分析纯试剂，去离子水或同等纯度的水。

（1）浊度标准贮备液　称取 10g 通过 0.1mm 筛孔的硅藻土于研钵中，加入少许水调成糊状并研细，移至 1000mL 量筒中，加水至标线。充分搅匀后，静置 24h。用虹吸法仔细将上层 800mL 悬浮液移至第二个 1000mL 量筒中，向其中加水至 1000mL，充分搅拌，静置 24h。吸出上层含较细颗粒的悬浮液弃去，下部溶液加水稀释至 1000mL。充分搅拌后，贮于具塞玻璃瓶中，其中所含硅藻土颗粒直径大约为 $400\mu m$。

取 50.0mL 上述悬浊液置于恒重的蒸发皿中，在水浴上蒸干，于 105℃ 烘箱中烘 2h，置于干燥器冷却 30min，称重。重复以上操作，即烘 2h，冷却，称重，直至恒重。求出 1mL 悬浊液含硅藻土的质量（mg）。

（2）浊度为 250 度的标准液　吸取含 250mg 硅藻土的悬浊液，置于 1000mL 容量瓶中，加水至标线，摇匀。此溶液浊度为 250 度。

（3）浊度为 100 度的标准液　吸取 100mL 浊度为 250 度的标准液于 250mL 容量瓶中，用水稀释至标线，摇匀。此溶液浊度为 100 度。

注：于各标准液中分别加入氯化汞以防菌类生长。氯化汞剧毒！

四、实验仪器

1. 一般实验室仪器
2. 具塞比色管（100mL）
3. 无色具塞玻璃瓶（250mL）：玻璃质量及直径均需一致

五、分析步骤

1. 浊度低于 10 度的水样

（1）吸取浊度为 100 度的标准液 0.00mL、1.00mL、2.00mL、3.00mL、4.00mL、5.00mL、6.00mL、7.00mL、8.00mL、9.00mL 及 10.00mL 于 100mL 比色管中，加水稀释至标线，混匀，配制成浊度为 0 度、1.0 度、2.0 度、3.0 度、4.0 度、5.0 度、6.0 度、7.0 度、8.0 度、9.0 度和 10.0 度的标准液。

（2）取 100mL 摇匀水样于 100mL 比色管中，与上述标液进行比较。可在黑色底板上由上向下垂直观察，选出与水样产生相近视觉效果的标液，记下其浊度值。

2. 浊度为 10 度以上的水样

（1）吸取浊度为 250 度的标准液 0mL、10mL、20mL、30mL、40mL、50mL、60mL、

70mL、80mL、90mL 及 100mL 置于 250mL 容量瓶中,加水稀释至标线,混匀,即得浊度为 0 度、10 度、20 度、30 度、40 度、50 度、60 度、70 度、80 度、90 度和 100 度的标准液。将其移入成套的 250mL 具塞玻璃瓶中,每瓶加入 1g 氯化汞,以防菌类生长。

(2)取 250mL 摇匀水样置于成套的 250mL 具塞玻璃瓶中,瓶后放一有黑线的白纸板作为判别标志。从瓶前向后观察,根据目标的清晰程度选出与水样产生相近视觉效果的标准液,记下其浊度值。

3. 浊度超过 100 度的水样

水样浊度超过 100 度时,用无浊度水稀释后测定。

六、分析结果的表述

水样浊度可直接读数。

实验五 高氯废水 化学需氧量的测定 ——碘化钾碱性高锰酸钾法

一、适用范围

本标准规定了高氯废水化学需氧量的测定方法,本方法适用于油气田和炼化企业氯离子含量高达几万至十几万毫克每升高氯废水化学需氧量(COD)的测定。

1. 高氯废水

氯离子含量大于一千毫克每升的废水。

2. $COD_{OH·KI}$

在碱性条件下,用高锰酸钾氧化废水中的还原性物质(亚硝酸盐除外),氧化后剩余的高锰酸钾用碘化钾还原,根据水样消耗的高锰酸钾的量,换算成相对应氧的质量浓度。记为 $COD_{OH·KI}$。

3. K 值

碘化钾碱性高锰酸钾法测定的样品氧化率与重铬酸盐法测定的样品氧化率的比值。

二、实验原理

在碱性条件下,加一定量高锰酸钾溶液于水样中,并在沸水浴上加热反应一定时间,以氧化水中的还原性物质。加入过量的碘化钾还原剩余的高锰酸钾,以淀粉作指示剂,用硫代硫酸钠滴定释放出的碘,换算成氧的浓度,用 $COD_{OH·KI}$ 表示。

三、实验试剂

除特殊说明外,所用试剂均为分析纯试剂,所用纯水均指不含有机物蒸馏水。

1. 不含有机物蒸馏水 向 2000mL 蒸馏水中加入适量碱性高锰酸钾溶液,进行重蒸馏,蒸馏过程中溶液应保持浅紫红色。弃去前 100mL 馏出液,然后将馏出液收集在具塞磨口玻璃瓶中。待蒸馏器中剩下约 500mL 溶液时，停止收集馏出液。

2. 硫酸（$\rho = 1.84 \text{g} \cdot \text{mL}^{-1}$）

3. 硫酸溶液（1+5）

4. 氢氧化钠溶液（50%）　称取 50g 氢氧化钠（NaOH）溶于水中，用水稀至 100mL，贮于聚乙烯瓶中。

5. 高锰酸钾溶液 [$c(1/5 \text{KMnO}_4) = 0.05 \text{mol} \cdot \text{L}^{-1}$]　称取 1.6g 高锰酸钾溶于 1.2L 水中，加热煮沸，使体积减少到约 1L，放置 12h，用 G-3 玻璃砂芯漏斗过滤，滤液贮于棕色瓶中

6. 碘化钾溶液（10%）　称取 10.0g 碘化钾（KI）溶于水中，用水稀释至 100mL，贮于棕色瓶中。

7. 重铬酸钾标准溶液 [$c(1/6 \text{K}_2\text{Cr}_2\text{O}_7) = 0.0250 \text{mol} \cdot \text{L}^{-1}$]　称取于 105~110℃烘干 2h 并冷却至恒重的优级纯重铬酸钾 1.2258g，溶于水，移入 1000mL 容量瓶中，用水稀释至标线，摇匀。

8. 淀粉溶液（1%）　称取 1.0g 可溶性淀粉，用少量水调成糊状，再用刚煮沸的水冲稀至 100mL。冷却后，加入 0.4g 氯化锌防腐或临用时现配。

9. 硫代硫酸钠溶液 [$c(\text{Na}_2\text{S}_2\text{O}_3) \approx 0.025 \text{mol} \cdot \text{L}^{-1}$]　称取 6.2g 硫代硫酸钠（$\text{Na}_2\text{S}_2\text{O}_3 \cdot 5\text{H}_2\text{O}$）溶于煮沸放冷的水中，加入 0.2g 碳酸钠，用水稀释至 1000mL，贮于棕色瓶中。使用前用 $0.0250 \text{mol} \cdot \text{L}^{-1}$ 重铬酸钾标准溶液标定，标定方法如下：

于 250mL 碘量瓶中加入 100mL 水和 1.0g 碘化钾，加入 $0.0250 \text{mol} \cdot \text{L}^{-1}$ 重铬酸钾溶液 10.00mL，再加（1+5）硫酸溶液 5mL 并摇匀，于暗处静置 5min 后，用待标定的硫代硫酸钠溶液滴定至溶液呈淡黄色，加入 1mL 淀粉溶液，继续滴定至蓝色刚好褪去为止，记录用量。按下式计算硫代硫酸钠溶液的浓度：

$$c = 10.00 \times 0.0250/V \tag{1}$$

式中　c——硫代硫酸钠溶液的浓度，$\text{mol} \cdot \text{L}^{-1}$；

V——滴定时消耗硫代硫酸钠溶液的体积，mL。

10. 氟化钾溶液（30%）　称取 48.0g 氟化钾（$\text{KF} \cdot 2\text{H}_2\text{O}$）溶于水中，用水稀释至 100mL，贮于聚乙烯瓶中。

11. 叠氮化钠溶液（4%）　称取 4.0g 叠氮化钠（NaN_3）溶于水中，稀释至 100mL，贮于棕色瓶中，暗处存放。

四、实验仪器

1. 沸水浴装置

2. 碘量瓶（250mL）

3. 棕色酸式滴定管（25mL）

4. 定时钟

5. G-3 玻璃砂芯漏斗

五、实验内容

1. 样品的采集与保存

水样采集于玻璃瓶后，应尽快分析。若不能立即分析，应加入硫酸调节 pH<2，4℃冷藏保存并在 48h 内测定。

2. 样品的预处理

（1）若水样中含有氧化性物质，应预先于水样中加入硫代硫酸钠去除。即先移取 100mL 水样于 250mL 碘量瓶中，加入 50％氢氧化钠溶液 0.5mL，摇匀。加入 4％叠氮化钠溶液 0.5mL，摇匀后按 3(4) 至 3(6) 步骤测定。记录硫代硫酸钠溶液的用量。

（2）另取水样，加入上述（1）中硫代硫酸钠溶液的用量，摇匀，静置。之后按照 COD 测定步骤 3(4) 至 3(6) 测定。

3. COD 测定步骤

（1）吸取 100mL 待测水样（若水样 $COD_{OH \cdot KI}$ 高于 12.5mg·L^{-1}，则酌情少取，用水稀释至 100mL）于 250mL 碘量瓶中，加入 50％NaOH 溶液 0.5mL，摇匀。

（2）加入 0.05mol·L^{-1} 高锰酸钾溶液 10.00mL，摇匀。将碘量瓶立即放入沸水浴中加热 60min（从水浴重新沸腾起计时）。沸水浴液面要高于反应溶液的液面。

（3）从水浴中取出碘量瓶，用冷水冷却至室温后，加入 4％叠氮化钠溶液 0.5mL，摇匀。

（4）加入 30％氟化钾溶液 1mL，摇匀。

（5）加 10％碘化钾溶液 10.00mL，摇匀。加入（1+5）硫酸 5mL，加盖摇匀，于暗处放置 5min。

（6）用 0.025mol·L^{-1} 硫代硫酸钠溶液滴定至溶液呈淡黄色，加入 1mL 淀粉溶液，继续滴定至蓝色刚好消失，尽快记录硫代硫酸钠溶液的用量。

（7）空白试验

4. 干扰的消除

水样中含 Fe^{3+} 时，可加入 30％氟化钾溶液消除铁的干扰，1mL 30％氟化钾溶液可掩蔽 90mg Fe^{3+}。溶液中的亚硝酸根在碱性条件下不被高锰酸钾氧化，在酸性条件下可被氧化，加入叠氮化钠消除干扰。

另取 100mL 水代替试样，按照 3(1) 至 3(6) 步骤做全程序空白，记录滴定消耗的硫代硫酸钠溶液的体积。

六、实验结果的表示

1. 水样的 $COD_{OH \cdot KI}$

按式（2）计算：

$$COD_{OH \cdot KI}(O_2, mg \cdot L^{-1}) = (V_0 - V_1)c \times 8 \times 1000/V \qquad (2)$$

式中 V_0——空白试验消耗的硫代硫酸钠溶液的体积，mL；

V_1——试样消耗的硫代硫酸钠溶液的体积，mL；

c——硫代硫酸钠溶液浓度，mol·L^{-1}；

V——试样体积，mL；

8——氧（1/2O）的摩尔质量，g·mol^{-1}；

2．精密度

8个实验室对 COD_{Cr} 为 72.0～175mg·L^{-1}（$COD_{OH·KI}$ 含量为 39.1～95.0mg·L^{-1}）、氯离子浓度为 5000～120000mg·L^{-1} 的六个统一标准样品进行测定，实验室内相对标准偏差为 0.4%～5.8%，实验室间相对标准偏差为 4.6%～9.6%。

3．检出限

方法的最低检出限为 0.20mg·L^{-1}，测定上限为 62.5mg·L^{-1}。

附录 A
（规范性附录）

废水 K 值的测定：

碘化钾碱性高锰酸钾法与重铬酸盐法氧化条件不同，对同一样品的测定值也不相同，而我国的污水综合排放标准中 COD 指标是指重铬酸盐法的测定结果。通过求出碘化钾碱性高锰酸钾法与重铬酸盐法间的比值 K，可将碘化钾碱性高锰酸钾法的测定结果换算成重铬酸盐法的 COD_{Cr} 值，来衡量水体的有机物污染状况。

当该类废水中氯离子浓度高至重铬酸盐法无法测定时，使用废水中的主要还原性物质（例如，油气田废水主要是原油和破乳剂）来测定。

A.1 K 值的求得

分别用重铬酸盐法和碘化钾碱性高锰酸钾法测定有代表性的废水样品（或主要污染物质）的需氧量 O_1、O_2，确定该类废水的 K 值，按式（1）计算。

$$K = O_2/O_1 \qquad (1)$$
$$= SOD_2/SOD_1$$

若水样中含有几种还原性物质，则取它们的加权平均 K 值作为水样的 K 值。

A.2 用该类废水的 K 值换算废水样品的化学需氧量

$$COD_{Cr} = COD_{OH·KI}/K \qquad (2)$$

附录 B

注意事项：

B.1 当水样中含有悬浮物质时，摇匀后分取。

B.2 水浴加热完毕后，溶液仍应保持淡红色，如变浅或全部褪去，说明高锰酸钾的用量不够。此时，应将水样再稀释后测定。

B.3 若水样中含铁，在加入（1+5）硫酸酸化前，加 30%氟化钾溶液去除。若水样中不含铁，可不加 30%氟化钾溶液。

B.4 亚硝酸盐只有在酸性条件下才被氧化，在加入（1+5）硫酸前，先加入 4%叠氮化钠溶液将其分解。若样品中不存在亚硝酸盐，可不加叠氮化钠溶液。

B.5 以淀粉作指示剂时，应先用硫代硫酸钠溶液滴定至溶液呈浅黄色后，再加入淀粉溶液，继续用硫代硫酸钠溶液滴定至蓝色恰好消失，即为终点。淀粉指示剂不得过早加入。滴定近终点时，应轻轻摇动。

B.6 淀粉指示剂应用新鲜配制的，若放置过久，则与 I_2 形成的络合物不呈蓝色而呈紫色或红色，这种红紫色络合物在用硫代硫酸钠滴定时褪色慢，终点不敏锐，有时甚至看不见显色效果。

实验六 水质 挥发酚的测定——溴化容量法

一、适用范围

1. 本标准规定了测定工业废水中挥发酚的溴化容量法。
2. 本标准适用于含高浓度挥发酚工业废水中挥发酚的测定。
3. 挥发酚 能随水蒸气蒸馏出的,并与溴发生取代反应的挥发性酚类化合物,结果以苯酚计。

二、实验原理

用蒸馏法使挥发性酚类化合物蒸馏出,并与干扰物质和固定剂分离。由于酚类化合物的挥发速度是随馏出液体积而变化的,因此,馏出液体积必须与试样体积相等。

在含过量溴(由溴酸钾和溴化钾所产生)的溶液中,被蒸馏出的酚类化合物与溴生成三溴酚,并进一步生成溴代三溴酚。在剩余的溴与碘化钾作用释放出游离碘的同时,溴代三溴酚与碘化钾反应生成三溴酚和游离碘,用硫代硫酸钠溶液滴定释出的游离碘,并根据其消耗量,计算出挥发酚的含量。

三、实验试剂和材料

本标准所用试剂除非另有说明,分析时均使用符合国家标准的分析纯化学试剂;实验用水为新制备的蒸馏水或去离子水。

1. 硫酸亚铁($FeSO_4 \cdot 7H_2O$)
2. 碘化钾(KI)
3. 硫酸铜($CuSO_4 \cdot 5H_2O$)
4. 乙醚($C_4H_{10}O$)
5. 盐酸($\rho = 1.19 \text{g} \cdot \text{mL}^{-1}$)
6. 磷酸溶液(1+9)
7. 硫酸溶液(1+4)
8. 氢氧化钠溶液($\rho = 100 \text{g} \cdot \text{L}^{-1}$) 称取氢氧化钠10g溶于水,稀释至100mL。
9. 溴酸钾-溴化钾溶液 [$c(1/6 \text{ KBrO}_3) = 0.1 \text{mol} \cdot \text{L}^{-1}$] 称取2.784g溴酸钾溶于水,加入10g溴化钾,溶解后移入1000mL容量瓶中,用水稀释至标线。
10. 硫代硫酸钠溶液 [$c(\text{Na}_2\text{S}_2\text{O}_3) \approx 0.0125 \text{mol} \cdot \text{L}^{-1}$] 称取3.1g硫代硫酸钠,溶于煮沸放冷的水中,加入0.2g碳酸钠,溶解后移入1000mL容量瓶中,用水稀释至标线。临用前按照GB 7489—87方法标定。
11. 淀粉溶液 称取1g可溶性淀粉,用少量水调成糊状,加沸水至100mL,冷却后,移入试剂瓶中,置冰箱内冷藏保存。
12. 甲基橙指示液 [$\rho(\text{甲基橙}) = 0.5 \text{g} \cdot \text{L}^{-1}$] 称取0.1g甲基橙溶于水,溶解后移入200mL容量瓶中,用水稀释至标线。
13. 淀粉-碘化钾试纸 称取1.5g可溶性淀粉,用少量水搅成糊状,加入200mL沸水,混匀，放冷，加 0.5g 碘化钾和 0.5g 碳酸钠，用水稀释至 250mL，将滤纸条浸渍后，取出晾干，盛于棕色瓶中，密塞保存。

14. 乙酸铅试纸　称取乙酸铅 5g，溶于水中，并稀释至 100mL。将滤纸条浸入上述溶液中，1h 后取出晾干，盛于广口瓶中，密塞保存。

15. pH 试纸（1～14）

四、实验仪器

本标准除非另有说明，分析时均使用符合国家 A 级标准的玻璃量器。

1. 分析天平（精度 0.0001g）
2. 一般实验室常用仪器

五、实验内容

1. 样品采集

在样品采集现场，用淀粉-碘化钾试纸检测样品中有无游离氯等氧化剂的存在。若试纸变蓝，应及时加入过量硫酸亚铁去除氧化剂。

样品采集量应大于 500mL，贮于硬质玻璃瓶中。

采集后的样品应及时加磷酸酸化至 pH 值约 4.0，并加适量硫酸铜，使样品中硫酸铜质量浓度约为 $1g \cdot L^{-1}$，以抑制微生物对酚类的生物氧化作用。

2. 样品保存

采集后的样品应在 4℃下冷藏，24h 内进行测定。

3. 干扰及消除

氧化剂、油类、硫化物、有机或无机还原性物质和苯胺类干扰酚的测定。

（1）氧化剂（如游离氯）的消除　样品滴于淀粉-碘化钾试纸上出现蓝色，说明存在氧化剂，可加入过量的硫酸亚铁去除。

（2）硫化物的消除　当样品中有黑色沉淀时，可取一滴样品放在乙酸铅试纸上，若试纸变黑色，说明有硫化物存在。此时样品继续加磷酸酸化，置通风橱内进行搅拌曝气，直至生成的硫化氢完全逸出。

（3）甲醛、亚硫酸盐等有机或无机还原性物质的消除　可分取适量样品于分液漏斗中，加硫酸溶液使呈酸性，分次加入 50mL、30mL、30mL 乙醚以萃取酚，合并乙醚层于另一分液漏斗中，分次加入 4mL、3mL、3mL 氢氧化钠溶液进行反萃取，使酚类转入氢氧化钠溶液中。合并碱萃取液，移入烧杯中，置水浴上加温，以除去残余乙醚，然后用水将碱萃取液稀释到原分取样品的体积。同时应以水做空白试验。

（4）油类的消除　样品静置分离出浮油后，按照操作步骤（3）进行。

（5）苯胺类的消除　苯胺类可与 4-氨基安替比林发生显色反应而干扰酚的测定，一般在酸性（pH＜0.5）条件下，可以通过预蒸馏分离。

4. 分析步骤

（1）预蒸馏　取 250mL 样品移入 500mL 全玻璃蒸馏器中，加 25mL 水，加数粒玻璃珠以防暴沸，再加数滴甲基橙指示液，若试样未显橙红色，则需继续补加磷酸溶液。

连接冷凝器，加热蒸馏，收集馏出液 250mL 至容量瓶中。

蒸馏过程中，若发现甲基橙红色褪去，应在蒸馏结束后放冷，再加 1 滴甲基橙指示液。若发现蒸馏后残液不呈酸性，则应重新取样，增加磷酸溶液加入量，进行蒸馏。

注：a. 每次试验前后应清洗整个蒸馏设备。

b. 不得用橡胶塞、橡胶管连接蒸馏瓶及冷凝器，以防止对测定产生干扰。

(2) 溴化滴定　分取馏出液 100mL 于碘量瓶中，加 5.0mL 盐酸，徐徐摇动碘量瓶，用 5mL 滴定管滴加溴酸钾-溴化钾溶液 3.00mL，试样呈亮黄色。若试样无色或呈淡黄色，样品需稀释测定。

迅速盖上瓶塞，混匀，室温放置 15min。

加入 1g 碘化钾，盖上瓶塞，混匀后置于暗处放置 5min。用 25mL 滴定管滴加硫代硫酸钠溶液至溶液呈淡黄色后，加 1mL 淀粉溶液继续滴定至蓝色刚好褪去，记录用量。

(3) 空白试验　用水代替试样，按照步骤 (1)、(2) 测定。

六、结果计算

1. 试样中挥发酚的质量浓度（以苯酚计）按式(1) 计算：

$$\rho = \frac{(V_1 - V_2) \times c \times 15.68 \times 1000}{V} \tag{1}$$

式中　ρ——试样中挥发酚的质量浓度，$mg \cdot L^{-1}$；

　　　V_1——空白试验中硫代硫酸钠溶液的用量，mL；

　　　V_2——滴定试样时硫代硫酸钠溶液的用量，mL；

　　　c——硫代硫酸钠溶液浓度，$mol \cdot L^{-1}$；

　　　V——试样体积，mL；

　　15.68——酚 ($1/6\ C_6H_5OH$) 摩尔质量，$g \cdot mol^{-1}$。

当计算结果小于 $10mg \cdot L^{-1}$ 时，保留到小数点后 1 位；大于等于 $10mg \cdot L^{-1}$ 时，保留三位有效数字。

2. 精密度和准确度

5 个实验室对含酚质量浓度为 $10.0mg \cdot L^{-1}$ 和 $25.0mg \cdot L^{-1}$ 的统一样品进行测定：

实验室内相对标准偏差分别为：2.4%～5.0%、1.7%～2.6%；

实验室间相对标准偏差分别为：1.2%、1.0%；

重复性限分别为：$1.0mg \cdot L^{-1}$、$1.3mg \cdot L^{-1}$；

再现性限分别为：$0.9mg \cdot L^{-1}$、$1.4mg \cdot L^{-1}$。

3. 检出限

本标准检出限为 $0.1mg \cdot L^{-1}$，测定下限为 $0.4mg \cdot L^{-1}$，测定上限为 $45.0mg \cdot L^{-1}$。对于质量浓度高于标准测定上限的样品，可适当稀释后进行测定。

实验七　水质　溶解氧的测定——碘量法

一、适用范围

1. 碘量法是测定水中溶解氧的基准方法。在没有干扰的情况下，此方法适用于各种溶解氧浓度大于 $0.2mg \cdot L^{-1}$ 和小于氧的饱和浓度两倍（约 $20mg \cdot L^{-1}$）的水样。易氧化的有机物，如丹宁酸、腐殖质素等会对测定产生干扰。可氧化的硫的化合物，如硫脲，也如同易于消耗氧的呼吸系统那样产生干扰。当含有这类物质时，宜采用电化学探头法。

2. 亚硝酸盐浓度不高于 $15mg \cdot L^{-1}$ 时就不会产生干扰，因为它们会被加入的叠氮化钠破坏掉。

3. 如存在氧化物质或还原物质，需改进测定方法，见七"特殊情况处理"。

4. 如存在能固定或消耗碘的悬浮物，本方法需按附录 A 中叙述的方法改进后方可使用。

二、实验原理

在样品中溶解氧与刚刚沉淀的二价氢氧化锰（将氢氧化钠或氢氧化钾加入二价硫酸锰中反应）酸化后，生成的高价锰化合物将碘化物氧化游离出等当量的碘，用硫代硫酸钠滴定法滴定游离碘量。

三、实验试剂

分析中仅使用分析纯试剂和蒸馏水或纯度与之相当的水。

1. 硫酸溶液（若怀疑有三价铁的存在，则采用磷酸 $\rho = 1.70g \cdot mL^{-1}$） 小心地把 500mL 浓硫酸（$\rho = 1.848g \cdot mL^{-1}$）在不停搅动下加入 500mL 水中。

2. 硫酸溶液 $[c(1/2H_2SO_4) = 2mol \cdot L^{-1}]$

3. 碱性碘化物-叠氮化物试剂

注：当试样中亚硝酸氮含量大于 $0.05mg \cdot L^{-1}$ 而亚铁含量不超过 $1mg \cdot L^{-1}$ 时，为防止亚硝酸氮对测定结果的干扰，需在试样中加叠氮化物，叠氮化钠是有毒试剂。若已知试样中的亚硝酸盐含量低于 $0.05mg \cdot L^{-1}$，则可省去此试剂。

a. 操作过程中严防中毒。

b. 不要使碱性碘化物-叠氮化物试剂酸化，因为可能产生有毒的叠氮酸雾。

将 35g 氢氧化钠（或 50g 氢氧化钾）和 30g 碘化钾（或 27g 碘化钠）溶解在大约 50mL 水中。

单独地将 1g 叠氮化钠（NaN_3）溶于几毫升水中。

将上述两种溶液混合并稀释至 100mL，溶液贮存在塞紧的细口棕色瓶子里。

经稀释和酸化后，在有淀粉指示剂存在下，本试剂应无色。

4. 无水二价硫酸锰溶液（$340g \cdot L^{-1}$ 或一水硫酸锰 $380g \cdot L^{-1}$ 溶液） 可用 $450g \cdot L^{-1}$ 四水二价氧化锰溶液代替。过滤不澄清的溶液。

5. 碘酸钾标准溶液 $[c(1/6KIO_3) = 10mmol \cdot L^{-1}]$ 在 180℃ 干燥数克碘酸钾（KIO_3），称量 $3.567g \pm 0.003g$ 溶解在水中并稀释到 1000mL。吸取 100mL 上述溶液并移入 1000mL 容量瓶中，用水稀释至标线。

6. 硫代硫酸钠标准滴定液 $[c(Na_2S_2O_3) \approx 10mmol \cdot L^{-1}]$

（1）配制 将 2.5g 五水硫代硫酸钠溶解于新煮沸并冷却的水中，再加 0.4g 氢氧化钠（NaOH）并稀释至 10mL，溶液贮存于棕色玻璃瓶中

（2）标定 在锥形瓶中用 100~150mL 的水溶解约 0.5g 碘化钾或碘化钠（KI 或 NaI），加入 5mL 硫酸溶液 $[c(1/2H_2SO_4) = 2 \, mol \cdot L^{-1}]$，混合均匀，加 20.00mL 标准碘酸钾溶液，稀释至约 200mL，立即用硫酸钠溶液滴定释放出的碘，当接近滴定终点时，溶液呈浅黄色，加入淀粉指示剂，再滴定。

硫代硫酸钠浓度（c，$mmol \cdot L^{-1}$）由式(1)求出：

$$c=\frac{6\times 20.00\times 1.66}{V} \tag{1}$$

式中 V——硫代硫酸钠溶液滴定量,mL。

每日标定一次溶液。

7. 淀粉指示剂(新配制 $10g \cdot L^{-1}$ 溶液)

注:也可用其他适合的指示剂。

8. 酚酞($1g \cdot L^{-1}$乙醇溶液)

9. 碘溶液(约 $0.005mol \cdot L^{-1}$) 溶解 4~5g 碘化钾或碘化钠于少量水中,加约 130mg 的碘,待碘溶解后稀释至 100mL。

10. 碘化钾或碘化钠。

四、实验仪器

1. 常用实验室设备

2. 细口玻璃瓶:容量在 250~300mL 之间,校准至 1mL。具塞温克勒瓶或任何其他适合的细口瓶,瓶肩最好是直的。每一个瓶和盖要有相同的号码。用称量法来测定每个细口瓶的体积

五、实验内容

1. 当存在能固定或消耗碘的悬浮物,或者怀疑有这类物质存在时,按附录 A 叙述的方法测定,最好采用电化学探头法测定溶解氧。

2. 检验氧化或还原物质是否存在

如果预计氧化或还原剂可能干扰结果,取 50mL 待测水,加 2 滴酚酞溶液后,中和水样加 0.5mL 硫酸溶液 [$c(1/2H_2SO_4)=2mol \cdot L^{-1}$]、几粒碘化钾或碘化钠(质量约 0.5g)和几滴淀粉指示剂溶液。

如果溶液呈蓝色,则有氧化物质存在。如果溶液保持无色,加 0.2mL 碘溶液,振荡,放 30s,如果没有呈蓝色,则存在还原物质。

注:有氧化物质存在时,按照"七、1"的规定处理。有还原物质存在时,按照"七、2"的规定处理。没有氧化或还原物时,按照"五、3""五、4""五、5"的规定处理。

3. 样品的采集

样品应采集在细口瓶中,测定就在瓶内进行,试样充满全部细口瓶。

注:在有氧化或还原物的情况下,需取两个试样。

(1)取地表水样 充满细口瓶至溢流,小心避免溶解氧浓度的改变。对浅水用电化学探头法更好些。在消除附着在玻璃瓶上的气泡之后,立即固定溶解氧。

(2)从配水系统管路中取水样 将一惰性材料管的入口与管道连接,将管子出口插入细口瓶的底部。

用溢流冲洗的方式充入大约 10 倍细口瓶体积的水,最后注满瓶子,在消除附着在玻璃瓶上的空气之后,立即固定溶解氧。

(3)不同深度取水样 用一种特别的取样器,内盛细口瓶,瓶上装有橡胶入口管并插入细口瓶的底部。当溶液充满细口瓶时将瓶中空气排出,避免溢流。某些类型的取样,可以同

时充满几个细口瓶。

4. 溶解氧的固定

取样之后,最好在现场立即向盛有样品的细口瓶中加 1mL 二价硫酸锰溶液和 2mL 碱性碘化物-叠氮化物试剂。使用细尖头的移液管,将试剂加到液面以下,小心盖上塞子,避免把空气泡带入。若用其他装置,必须小心保证样品氧含量不变。

将细口瓶上下颠倒转动几次,使瓶内的成分充分混合,静置沉淀最少 5min,然后再重新颠倒混合,保证混合均匀。这时可以将细口瓶运送至实验室。若避光保存,样品最长贮存 24h。

5. 游离碘

确保所形成的沉淀物已沉降在细口瓶下 1/3 部分。

慢速加入 1.5mL 硫酸溶液(或相应体积的磷酸溶液),盖上细口瓶盖,然后摇动瓶子,要求瓶中沉淀物完全溶解,并且碘已均匀分布。

注:若直接在细口瓶内进行滴定,小心地虹吸出上部分相应于所加酸溶液容积的澄清液,而不扰动底部沉淀物。

6. 滴定

将细口瓶内的组分或其部分体积(V)转移到锥形瓶内,用硫代硫酸钠滴定,接近滴定终点时,加淀粉溶液或者加其他合适的指示剂。

六、结果的表示

1. 溶解氧含量 c_1($mg \cdot L^{-1}$)

由式(2)求出:

$$c_1 = \frac{M_r V_2 c f_1}{4 V_1} \tag{2}$$

式中 M_r——氧的分子量,$M_r = 32$;
  V_1——滴定时样品的体积,mL,一般取 $V_1 = 100$mL,若滴定细口瓶内试样,
      则 $V_1 = V_0$;
  V_2——滴定样品时所耗去硫代硫酸钠溶液的体积,mL;
  c——硫代硫酸钠溶液的实际浓度,$mol \cdot L^{-1}$。

$$f_1 = \frac{V_0}{V_0 - V'} \tag{3}$$

式中 V_0——细口瓶的体积,mL;
  V'——二价硫酸锰溶液(1mL)和碱性试剂(2mL)体积的总和。

结果取一位小数。

2. 再现性

分别在四个实验室内,自由度为 10,对空气饱和的水(范围在 8.5~9mg·L^{-1})进行了重复测定,得到溶解氧的批内标准差在 0.03~0.05mg·L^{-1} 之间。

七、特殊情况处理

1. 存在氧化性物质

(1)原理 通过滴定第二个试验样品来测定除溶解氧以外的氧化性物质的含量,以修正

上述实验中得到的结果。

(2) 步骤

① 按照五中 3 的规定取一个试验样品。

② 按照五中 4、5、6 规定的步骤测定第一个试样中的溶解氧。

③ 将第二个试样定量转移至大小适宜的锥形瓶内，加 1.5mL 硫酸溶液（或相应体积的磷酸溶液），然后再加 2mL 碱性试剂和 1mL 二价硫酸锰溶液，放置 5min。用硫代硫酸钠滴定，在滴定快到终点时，加淀粉指示剂或其他合适的指示剂。

(3) 结果表示

溶解氧含量 $c_2(\mathrm{mg} \cdot \mathrm{L}^{-1})$ 由式(4) 给出：

$$c_2 = \frac{M_r V_2 c f_1}{4V_1} - \frac{M_r V_4 c}{4V_3} \tag{4}$$

式中　V_3——盛第二个试样的细口瓶体积，mL；

　　　V_4——滴定第二个试样用去的硫代硫酸钠的溶液的体积，mL。

M_r, V_1, V_2, c 与式(2) 中含义相同。

2. 存在还原性物质

(1) 原理　加入过量次氯酸钠溶液，氧化第一和第二个试样中的还原性物质。测定一个试样中的溶解氧含量，测定另一个试样中过剩的次氯酸钠量。

(2) 试剂

① 与"三"中相同试剂。

② 次氯酸钠溶液。约含游离氯 $4\mathrm{g} \cdot \mathrm{L}^{-1}$，用稀释市售浓次氯酸钠溶液的办法制备，用碘量法测定溶液的浓度。

(3) 步骤

① 按照五中 3 的规定取一个试验样品。

② 向这两个试样中各加入 1.00mL（若需要可加入更多的准确体积）的次氯酸钠溶液，盖好细口瓶盖，混合均匀。

③ 一个试样按照五中 4、5 和 6 中的规定进行处理，将第二个试样定量转移至大小适宜的锥形瓶内，加 1.5mL 硫酸溶液（或相应体积的磷酸溶液），然后再加 2mL 碱性试剂和 1mL 二价硫酸锰溶液，放置 5min。用硫代硫酸钠滴定，在滴定快到终点时，加淀粉指示剂或其他合适的指示剂。

(4) 结果的表示　溶解氧的含量 $c_3(\mathrm{mg} \cdot \mathrm{L}^{-1})$ 由式(5) 给出：

$$c_2 = \frac{M_r V_2 c f_2}{4V_1} - \frac{M_r V_4 c}{4(V_3 - V_5)} \tag{5}$$

式中，M_r, V_1, V_2, c 与式(2) 含义相同；V_3, V_4 与式(4) 含义相同；V_5 表示加入试样中次氯酸钠溶液的体积，mL（通常 $V_5 = 1.00\mathrm{mL}$）。

$$f_2 = \frac{V_0}{V_0 - V_5 - V'} \tag{6}$$

式中，V' 与式(3) 含义相同；V_0 表示盛第一个试验样品的细口瓶的体积，mL。

注：本标准等效采用国际标准 ISO 5813—1983。本标准规定采用碘量法测定水中溶解氧，由于某些干

扰而采用改进的温克勒（Winkler）法。

试验报告包括下列内容：

a. 参考了本国家标准；

b. 对样品的精确鉴别；

c. 结果和所用的表示方法；

d. 环境温度和大气压力；

e. 测定期间注意到的特殊细节。

本国家标准没有规定的或考虑可任选的操作细节。

附　录

1. 常用指示剂
(1) 酸碱指示剂 (18～25℃)

指示剂名称	pH变色范围	颜色变化	溶液配制
甲基紫(第一变色范围)	0.13～0.5	黄～绿	1g·L^{-1}或0.5g·L^{-1}的水溶液
甲酚红(第一变色范围)	0.2～0.18	红～黄	0.04g指示剂溶于100mL 50%乙醇
甲基紫(第二变色范围)	1.0～1.5	绿～蓝	1g·L^{-1}的水溶液
百里酚蓝(麝香草酚蓝)(第一变色范围)	1.2～1.8	红～黄	0.1g指示剂溶于100mL 20%乙醇
甲基紫(第三变色范围)	2.0～3.0	蓝～紫	1g·L^{-1}的水溶液
甲基橙	3.1～4.4	红～黄	1g·L^{-1}的水溶液
溴酚蓝	3.0～4.6	黄～蓝	0.1g指示剂溶于100mL 20%乙醇
刚果红	3.0～5.2	蓝紫～红	1g·L^{-1}的水溶液
溴甲酚绿	3.8～5.4	黄～蓝	0.1g指示剂溶于100mL 20%乙醇
甲基红	4.4～6.2	红～黄	0.1g或0.2g指示剂溶于100mL 60%乙醇
溴酚红	5.0～6.8	黄～红	0.1g或0.04g指示剂溶于100mL 20%乙醇
溴百里酚蓝	6.0～7.6	黄～蓝	0.05g指示剂溶于100mL 20%乙醇
中性红	6.8～8.0	红～亮黄	0.1g指示剂溶于100mL 60%乙醇
酚红	6.8～8.0	黄～红	0.1g指示剂溶于100mL 20%乙醇
甲酚红	7.2～8.8	亮黄～紫红	0.1g指示剂溶于100mL 50%乙醇
百里酚蓝(麝香草酚蓝)(第二变色范围)	8.0～9.6	黄～蓝	0.1g指示剂溶于100mL 20%乙醇
酚酞	8.2～10	无色～紫红	0.1g指示剂溶于100mL 60%乙醇
百里酚酞	9.3～10.5	无色～蓝	0.1g指示剂溶于100mL 90%乙醇

(2) 酸碱混合指示剂

指示剂溶液组成	变色点pH值	颜色		备注
		酸色	碱色	
三份1g·L^{-1}溴甲酚绿酒精溶液 一份2g·L^{-1}甲基红酒精溶液	5.1	酒红	绿	
一份2g·L^{-1}甲基红酒精溶液 一份1g·L^{-1}亚甲基蓝酒精溶液	5.4	紫红	绿	pH=5.4暗蓝 pH=5.6绿

续表

指示剂溶液组成	变色点 pH 值	颜色 酸色	颜色 碱色	备注
一份 1g·L^{-1}溴甲酚绿钠盐水溶液 一份 1g·L^{-1}氯酚红钠盐水溶液	6.1	黄绿	蓝紫	pH=5.4 蓝绿 pH=5.8 蓝 pH=6.2 蓝紫
一份 1g·L^{-1}中性红酒精溶液 一份 1g·L^{-1}亚甲基蓝酒精溶液	7.0	蓝紫	绿	pH=7.0 蓝紫
一份 1g·L^{-1}溴百里酚蓝钠盐水溶液 一份 1g·L^{-1}酚红钠盐水溶液	7.5	绿	紫	pH=7.2 暗绿 pH=7.4 淡紫 pH=7.6 深紫
一份 1g·L^{-1}甲酚红钠盐水溶液 一份 1g·L^{-1}百里酚蓝钠盐水溶液	8.3	黄	紫	pH=8.2 玫瑰色 pH=8.4 紫

(3) 金属离子指示剂

名称	浓度	In 本色	MIn 颜色	适用 pH 值范围
铬黑 T	与固体 NaCl 的混合物(1:100)	蓝	葡萄红	6.0~11.0
二甲酚橙	0.5%乙醇溶液	柠檬黄	红	5.0~6.0 2.5
茜素	—	红	黄	2.8
钙试剂	与固体 NaCl 的混合物(1:100)	亮蓝	深红	>12.0
酸性铬紫 B	—	橙	红	4
甲基百里酚蓝	1%与固体 KNO$_3$ 混合物	灰	蓝	10.5
溴酚红	—	红	橙黄	2.0~3.0
		蓝紫	红	7.0~8.0
		蓝	红	4
		浅蓝	红	4.0~6.0
铝试剂	—	酒红	黄	8.5~10.0
		红	蓝紫	4.4
		紫	淡黄	1.0~2.0
偶氮胂Ⅲ	—	蓝	红	10

(4) 氧化还原指示剂

名称	氧化型颜色	还原型颜色	E_{ind}/V	浓度
二苯胺	紫	无色	0.76	1%浓硫酸溶液
二苯胺磺酸钠	紫红	无色	0.84	0.2%水溶液
亚甲基蓝	蓝	无色	0.532	0.1%水溶液
中性红	红	无色	0.24	0.1%乙醇溶液
喹啉黄	无色	黄	—	0.1%水溶液
淀粉	蓝	无色	0.53	0.1%水溶液
孔雀绿	棕	蓝	—	0.05%水溶液

续表

名称	氧化型颜色	还原型颜色	E_{ind}/V	浓度
劳氏紫	紫	无色	0.06	0.1%水溶液
邻二氮菲-亚铁	浅蓝	红	1.06	(1.485g 邻二氮菲＋0.695g 硫酸亚铁)溶于100mL水
酸性绿	橘红	黄绿	0.96	0.1%水溶液
专利蓝V	红	黄	0.95	0.1%水溶液

(5) 吸附指示剂

名称	被滴定离子	起点颜色	终点颜色	滴定剂	浓度
荧光黄	Cl^-,Br^-,SCN^-	黄绿	玫瑰	Ag^+	0.1%乙醇溶液
	I^-		橙		
二氯(P)荧光黄	Cl^-,Br^-	红紫	蓝紫	Ag^+	0.1%乙醇(60%～70%)溶液
	SCN^-	玫瑰	红紫		
	I^-	黄绿	橙		
曙红	Br^-,I^-,SCN^-	橙	深红	Ag^+	0.5%水溶液
	Pb^{2+}	红紫	橙	MoO_4^{2-}	
溴酚蓝	Cl^-,Br^-,SCN^-	黄	蓝	Ag^+	0.1%钠盐水溶液
	I^-	黄绿	蓝绿		
	TeO_3^{2-}	紫红	蓝		
溴甲酚绿	Cl^-	紫	浅蓝绿	Ag^+	0.1%乙醇溶液(酸性)
二甲酚橙	Cl^-	玫瑰	灰蓝	Ag^+	0.2%水溶液
	Br^-,I^-		灰绿		
罗丹明6G	Cl^-,Br^-	红紫	橙	Ag^+	0.1%水溶液
	Ag^+	橙	红紫	Br^-	
品红	Cl^-	红紫	玫瑰	Ag^+	0.1%乙醇溶液
	Br^-,I^-	橙			
	SCN^-	浅蓝			
刚果红	Cl^-,Br^-,I^-	红	蓝	Ag^+	0.1%水溶液
茜素红S	SO_4^{2-}	黄	玫瑰红	Ba^{2+}	0.4%水溶液
	$[Fe(CN)_6]^{4-}$			Pb^{2+}	
偶氮氯膦Ⅲ	SO_4^{2-}	红	蓝绿	Ba^{2+}	—
甲基红	F^-	黄	玫瑰红	Ce^{3+}	
				$Y(NO_3)_3$	
二苯胺	Zn^{2+}	蓝	黄绿	$[Fe(CN)_6]^{4-}$	1%的硫酸(96%)溶液
邻二甲氧基联苯胺	Zn^{2+},Pb^{2+}	紫	无色	$[Fe(CN)_6]^{4-}$	1%的硫酸溶液

(6) 荧光指示剂

名称	变色点pH值	酸色	碱色	浓度
曙红	0～3.0	无荧光	绿	1%水溶液
水杨酸	2.5～4.0	无荧光	暗蓝	0.5%水杨酸钠水溶液

续表

名称	变色点pH值	酸色	碱色	浓度
2-萘胺	2.8~4.4	无荧光	紫	1%乙醇溶液
1-萘胺	3.4~4.8	无荧光	蓝	1%乙醇溶液
奎宁	3.0~5.0	蓝	浅紫	0.1%乙醇溶液
	9.5~10.0	浅紫	无荧光	
2-羟基-3-萘甲酸	3.0~6.8	蓝	绿	0.1%其钠盐水溶液
喹啉	6.2~7.2	蓝	无荧光	饱和水溶液
2-萘酚	8.5~9.5	无荧光	蓝	0.1%乙醇溶液
香豆素	9.5~10.5	无荧光	浅绿	—

2. 常用缓冲溶液的配制

缓冲液	pH值	配制
乙醇-醋酸铵缓冲液	3.7	取 $5mol \cdot L^{-1}$ 醋酸溶液 15.0mL，加乙醇 60mL 和水 20mL，用 $10mol \cdot L^{-1}$ 氢氧化铵溶液调节 pH 值至 3.7，用水稀释至 1000mL
三羟甲基氨基甲烷缓冲液	8.0	取三羟甲基氨基甲烷 12.14g，加水 800mL，搅拌溶解，并稀释至 1000mL，用 $6mol \cdot L^{-1}$ 盐酸溶液调节 pH 值至 8.0
三羟甲基氨基甲烷缓冲液	8.1	取氯化钙 0.294g，加 $0.2mol \cdot L^{-1}$ 三羟甲基氨基甲烷溶液 40mL 使溶解，用 $1mol \cdot L^{-1}$ 盐酸溶液调节 pH 值至 8.1，加水稀释至 100mL
三羟甲基氨基甲烷缓冲液	9.0	取三羟甲基氨基甲烷 6.06g，加盐酸赖氨酸 3.65g、氯化钠 5.8g、乙二胺四乙酸二钠 0.37g，再加水溶解并稀释至 1000mL，调节 pH 值至 9.0
巴比妥缓冲液	7.4	取巴比妥钠 4.42g，加水使溶解并稀释至 400mL，用 $2mol \cdot L^{-1}$ 盐酸溶液调节 pH 值至 7.4，滤过
巴比妥缓冲液	8.6	取巴比妥 5.52g 与巴比妥钠 30.9g，加水使溶解并稀释至 2000mL
巴比妥-氯化钠缓冲液	7.8	取巴比妥钠 5.05g，加氯化钠 3.7g 及水适量使溶解，另取明胶 0.5g 加水适量，加热溶解后并入上述溶液中。然后用 $0.2mol \cdot L^{-1}$ 盐酸溶液调节 pH 值至 7.8，再用水稀释至 500mL
甲酸钠缓冲液	3.3	取 $2mol \cdot L^{-1}$ 甲酸溶液 25mL，加酚酞指示液 1 滴，用 $2mol \cdot L^{-1}$ 氢氧化钠溶液中和，再加入 $2mol \cdot L^{-1}$ 甲酸溶液 75mL，用水稀释至 200mL，调节 pH 值至 3.25~3.30
邻苯二甲酸盐缓冲液	5.6	取邻苯二甲酸氢钾 10g，加水 900mL，搅拌使溶解，用氢氧化钠试液（必要时用稀盐酸）调节 pH 值至 5.6，加水稀释至 1000mL，混匀
柠檬酸盐缓冲液	6.2	取 2.1%柠檬酸水溶液，用 50%氢氧化钠溶液调节 pH 值至 6.2
枸橼酸-磷酸氢二钠缓冲液	4.0	甲液：取枸橼酸 21g 或无水枸橼酸 19.2g，加水使溶解成 1000mL，置冰箱内保存。乙液：取磷酸氢二钠 71.63g，加水使溶解成 1000mL。取上述甲液 61.45mL 与乙液 38.55mL 混合，摇匀
氨-氯化铵缓冲液	8.0	取氯化铵 1.07g，加水使溶解成 100mL，再加稀氨溶液调节 pH 值至 8.0
氨-氯化铵缓冲液	10.0	取氯化铵 5.4g，加水 20mL 溶解后，加浓氨溶液 35mL，再加水稀释至 100mL
硼砂-氯化钙缓冲液	8.0	取硼砂 0.572g 与氯化钙 2.94g，加水约 800mL 溶解后，用 $1mol \cdot L^{-1}$ 盐酸溶液约 2.5mL 调节 pH 值至 8.0，加水稀释至 1000mL

续表

缓冲液	pH 值	配制
硼砂-碳酸钠缓冲液	10.8~11.2	取无水碳酸钠 5.30g,加水使溶解成 1000mL;另取硼砂 1.91g,加水使溶解成 100mL。临用前取碳酸钠溶液 973mL 与硼砂溶液 27mL,混匀
硼酸-氯化钾缓冲液	9.0	取硼酸 3.09g,加 0.1mol·L^{-1}氯化钾溶液 500mL 使溶解,再加 0.1mol·L^{-1}氢氧化钠溶液 210mL
醋酸盐缓冲液	3.5	取醋酸铵 25g,加水 25mL 溶解后,加 7mol·L^{-1}盐酸溶液 38mL,用 2mol·L^{-1}盐酸溶液或 5mol·L^{-1}氨溶液准确调节 pH 值至 3.5(电位法指示),用水稀释至 100mL
醋酸-锂盐缓冲液	3.0	取冰醋酸 50mL,加水 800mL 混合后,用氢氧化锂调节 pH 值至 3.0,再加水稀释至 1000mL
醋酸-醋酸钠缓冲液	3.6	取醋酸钠 5.1g,加冰醋酸 20mL,再加水稀释至 250mL
醋酸-醋酸钠缓冲液	3.7	取无水醋酸钠 20g,加水 300mL 溶解后,加溴酚蓝指示液 1mL 及冰醋酸 60~80mL,至溶液从蓝色转变为纯绿色,再加水稀释至 1000mL
醋酸-醋酸钠缓冲液	3.8	取 2mol·L^{-1}醋酸钠溶液 13mL 与 2mol·L^{-1}醋酸溶液 87mL,加 1mL 含铜 1mg 的硫酸铜溶液 0.5mL,再加水稀释至 1000mL
醋酸-醋酸钠缓冲液	4.5	取醋酸钠 18g,加冰醋酸 9.8mL,再加水稀释至 1000mL
醋酸-醋酸钠缓冲液	4.6	取醋酸钠 5.4g,加水 50mL 使溶解,用冰醋酸调节 pH 值至 4.6,再加水稀释至 100mL
醋酸-醋酸钠缓冲液	6.0	取醋酸钠 54.6g,加 1mol·L^{-1}醋酸溶液 20mL 溶解后,加水稀释至 500mL
醋酸-醋酸钾缓冲液	4.3	取醋酸钾 14g,加冰醋酸 20.5mL,再加水稀释至 1000mL
醋酸-醋酸铵缓冲液	4.5	取醋酸铵 7.7g,加水 50mL 溶解后,加冰醋酸 6mL 与适量的水至 100mL
醋酸-醋酸铵缓冲液	6.0	取醋酸铵 100g,加水 300mL 使溶解,加冰醋酸 7mL,摇匀
磷酸-三乙胺缓冲液	3.2	取磷酸约 4mL 与三乙胺约 7mL,加 50%甲醇稀释至 1000mL,用磷酸调节 pH 值至 3.2
磷酸盐缓冲液	2.0	甲液:取磷酸 16.6mL,加水至 1000mL,摇匀。乙液:取磷酸氢二钠 71.63g,加水溶解并稀释至 1000mL。取上述甲液 72.5mL 与乙液 27.5mL 混合,摇匀
磷酸盐缓冲液	2.5	取磷酸二氢钾 100g,加水 800mL,用盐酸调节 pH 值至 2.5,用水稀释至 1000mL
磷酸盐缓冲液	5.0	取 0.2mol·L^{-1}磷酸二氢钠溶液一定量,用氢氧化钠试液调节 pH 值至 5.0
磷酸盐缓冲液	5.8	取磷酸二氢钾 8.34g 与磷酸氢二钾 0.87g,加水使溶解并稀释至 1000mL
磷酸盐缓冲液	6.5	取磷酸二氢钾 0.68g,加 0.1mol·L^{-1}氢氧化钠溶液 15.2mL,用水稀释至 100mL
磷酸盐缓冲液	6.6	取磷酸二氢钠 1.74g、磷酸氢二钠 2.7g 与氯化钠 1.7g,加水使溶解并稀释至 400mL
磷酸盐缓冲液	6.8	取 0.2mol·L^{-1}磷酸二氢钾溶液 250mL,加 0.2mol·L^{-1}氢氧化钠溶液 118mL,用水稀释至 1000mL,摇匀

续表

缓冲液	pH 值	配制
磷酸盐缓冲液	7.0	取磷酸二氢钾 0.68g,加 0.1mol·L^{-1}氢氧化钠溶液 29.1mL,用水稀释至 100mL
磷酸盐缓冲液	7.2	取 0.2mol·L^{-1}磷酸二氢钾溶液 50mL 与 0.2mol·L^{-1}氢氧化钠溶液 35mL,加新沸过的冷水稀释至 200mL,摇匀
磷酸盐缓冲液	7.3	取磷酸氢二钠 1.9734g 与磷酸二氢钾 0.2245g,加水使溶解成 1000mL,调节 pH 值至 7.3
磷酸盐缓冲液	7.4	取磷酸二氢钾 1.36g,加 0.1mol·L^{-1}氢氧化钠溶液 79mL,用水稀释至 200mL
磷酸盐缓冲液	7.6	取磷酸二氢钾 27.22g,加水使溶解成 1000mL,取 50mL,加 0.2mol·L^{-1}氢氧化钠溶液 42.4mL,再加水稀释至 200mL
磷酸盐缓冲液	7.8	甲液:取磷酸氢二钠 35.9g,加水溶解,并稀释至 500mL。乙液:取磷酸二氢钠 2.76g,加水溶解,并稀释至 100mL。取上述甲液 91.5mL 与乙液 8.5mL 混合,摇匀
磷酸盐缓冲液	7.8~8.0	取磷酸氢二钾 5.59g 与磷酸二氢钾 0.41g,加水使溶解 1000mL

注:1. pH 试纸检查。如 pH 值不对,可用共轭酸或共轭碱调节。欲调节精确的 pH 值时,可用 pH 计调节。
2. 若需增大或减小缓冲液的缓冲容量,可相应增加或减少共轭酸碱对物质的量,再调节之。

3. 常用浓酸、浓碱的密度和浓度

试剂名称	化学式	分子量	密度 ρ/g·mL^{-1}	质量分数 w/%	物质的量浓度/mol·L^{-1}
浓硫酸	H_2SO_4	98.08	1.83~1.84	96	18
浓盐酸	HCl	36.46	1.18~1.19	36~38	12
浓硝酸	HNO_3	63.01	1.42	70	16
浓磷酸	H_3PO_4	98.00	1.69	85	15
冰醋酸	CH_3COOH	60.05	1.05	99	17
高氯酸	$HClO_4$	100.46	1.67	70	12
浓氢氧化钠	NaOH	40.00	1.43	40	14
浓氨水	$NH_3·H_2O$	35.05	0.88~0.90	28	15
氢氟酸	HF	20.01	1.13	40	22.5
氢溴酸	HBr	80.91	1.49	47	8.6

4. 常用基准物质及其干燥条件与应用

标定对象	基准物质 名称	基准物质 化学式	干燥后组成	干燥条件/℃
酸	碳酸氢钠	$NaHCO_3$	Na_2CO_3	270~300
	十水合碳酸钠	$Na_2CO_3·10H_2O$	Na_2CO_3	270~300
	无水碳酸钠	Na_2CO_3	Na_2CO_3	270~300
	碳酸氢钾	$KHCO_3$	K_2CO_3	270~300
	硼砂	$Na_2B_4O_7·10H_2O$	$Na_2B_4O_7·10H_2O$	放在装有 NaCl 和蔗糖饱和溶液的干燥器中
碱	邻苯二甲酸氢钾	$KHC_8H_4O_4$	$KHC_8H_4O_4$	110~120
	氨基磺酸钠	$NaOSO_2NH_2$	$NaOSO_2NH_2$	在真空 H_2SO_4 干燥器中保存 48h

续表

标定对象	基准物质		干燥后组成	干燥条件/℃
	名称	化学式		
碱或 $KMnO_4$	二水合草酸	$H_2C_2O_4 \cdot 2H_2O$	$H_2C_2O_4 \cdot 2H_2O$	室温空气干燥
还原剂	重铬酸钾	$K_2Cr_2O_7$	$K_2Cr_2O_7$	120
	溴酸钾	$KBrO_3$	$KBrO_3$	180
	碘酸钾	KIO_3	KIO_3	180
	铜	Cu	Cu	室温干燥器中保存
氧化剂	草酸钠	$Na_2C_2O_4$	$Na_2C_2O_4$	105
	三氧化二砷	As_2O_3	As_2O_3	硫酸干燥器中保存
EDTA	碳酸钙	$CaCO_3$	$CaCO_3$	110
	氧化锌	ZnO	ZnO	800
	锌	Zn	Zn	室温干燥器中保存
$AgNO_3$	氯化钠	NaCl	NaCl	500~550
	氯化钾	KCl	KCl	500~550
氯化物	硝酸银	$AgNO_3$	$AgNO_3$	硫酸干燥器中保存

5. 常用元素原子量表

元素名称	元素符号	原子量	元素名称	元素符号	原子量
氢	H	1	铬	Cr	52
氦	He	4	锰	Mn	55
碳	C	12	铁	Fe	56
氮	N	14	钴	Co	59
氧	O	16	镍	Ni	58.7
氟	F	19	铜	Cu	63.5
氖	Ne	20	锌	Zn	65
钠	Na	23	砷	As	75
镁	Mg	24	溴	Br	79.9
铝	Al	27	银	Ag	108
硅	Si	28	锡	Sn	118.7
磷	P	31	碘	I	127
硫	S	32	钡	Ba	137
氯	Cl	35.5	钨	W	183.8
氩	Ar	40	铂	Pt	195
钾	K	39	金	Au	197
钙	Ca	40	汞	Hg	201
钪	Sc	45	铅	Pb	207.2
钛	Ti	47.9	铋	Bi	209
钒	V	51			

参 考 文 献

[1] 武汉大学．分析化学实验：上册．5版．北京：高等教育出版社，2011．
[2] 华中师范大学，等．分析化学实验．4版．北京：高等教育出版社，2015．
[3] 吉林大学．基础化学实验：化学分析实验分册．2版．北京：高等教育出版社，2015．
[4] 清华大学．基础分析化学实验．北京：高等教育出版社，2007．
[5] 林琛，王世铭．大学化学实验．2版．北京：高等教育出版社，2016．
[6] 方宾，王伦，高峰．化学实验：上册．2版．北京：高等教育出版社，2015．
[7] 武汉大学．分析化学．4版．北京：高等教育出版社，2000．
[8] 吉林大学．分析化学实验．北京：高等教育出版社，2017．
[9] 四川大学化学工程学院，等．分析化学实验．4版．北京：高等教育出版社，2016．
[10] 张武，高峰，等．化学实验：下册．2版．北京：高等教育出版社，2015．
[11] GB 7493—87．水质 亚硝酸盐氮的测定 分光光度法．
[12] HJ 636—2012．水质 总氮的测定 碱性过硫酸钾消解紫外分光光度法．
[13] GB 11893—89．水质 总磷的测定 钼酸铵分光光度法．
[14] GB 13200—91．水质 浊度的测定．
[15] HJ/T 132—2003．高氯废水 化学需氧量的测定 碘化钾碱性高锰酸钾法．
[16] HJ 502—2009．水质 挥发酚的测定 溴化容量法．
[17] GB 7489—87．水质 溶解氧的测定 碘量法．